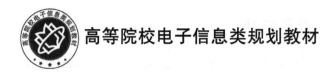

高等院校电子信息类规划教材

# 电工电子实习指导

主　编　陈崇辉
副主编　郭志雄　孔令棚　刘玉芬

北京邮电大学出版社
www.buptpress.com

## 内 容 简 介

本书以培养应用型人才为目标,注重基础知识的介绍,强调知识面的拓展,突出基本技能的训练,旨在增强学生的工程意识和能力,是结合作者多年电工电子实习教学工作、较丰富的实践教学经验和较强的实践动手能力编写而成的。全书共 6 章,内容包括安全用电及触电急救的方法,电工电子材料、工具及仪器设备的认识与使用,常用电子元器件的认识与检测,印制电路板的认识与设计制作,手工焊接技术与拆焊方法,典型电子产品综合创新训练项目等。

本书内容精简、图例丰富,可作为应用型本科高等院校非工科类专业学生的实习实训教材,也可作为相关工程技术人员的参考用书。

### 图书在版编目(CIP)数据

电工电子实习指导 / 陈崇辉主编. -- 北京 : 北京邮电大学出版社, 2025. -- ISBN 978-7-5635-7478-0

Ⅰ. TM-45; TN-45

中国国家版本馆 CIP 数据核字第 2025MW3887 号

| | |
|---|---|
| 策划编辑:刘纳新 刘蒙蒙 责任编辑:满志文 责任校对:张会良 封面设计:七星博纳 | |
| 出版发行:北京邮电大学出版社 | |
| 社　　　址:北京市海淀区西土城路 10 号 | |
| 邮政编码:100876 | |
| 发 行 部:电话 010-62282185　传真:010-62283578 | |
| E-mail:publish@bupt.edu.cn | |
| 经　　　销:各地新华书店 | |
| 印　　　刷:保定市中画美凯印刷有限公司 | |
| 开　　　本:787 mm×1 092 mm　1/16 | |
| 印　　　张:8.5 | |
| 字　　　数:184 千字 | |
| 版　　　次:2025 年 1 月第 1 版 | |
| 印　　　次:2025 年 1 月第 1 次印刷 | |

ISBN 978-7-5635-7478-0　　　　　　　　　　　　　　　　定　价:26.00 元

·如有印装质量问题,请与北京邮电大学出版社发行部联系·

# 前　言

党的二十大报告指出，教育、科技、人才是全面建设社会主义现代化国家的基础性、战略性支撑。报告明确了科技、人才、创新的战略地位，强调了"坚持科技是第一生产力、人才是第一资源、创新是第一动力，深入实施科教兴国战略、人才强国战略、创新驱动发展战略，开辟发展新领域新赛道，不断塑造发展新动能新优势"的理念和实践方针，并指明了当下和未来一段时间内我国科教及人才事业的发展、人才培养体系的基本方向。

电工电子实习是高校学生在校期间非常重要的实践课程和工程训练的一部分，也是培养学生专业技能和认知的重要环节，更是培养学生动手能力、实践能力乃至创新能力的重要实践过程。本书以培养应用型人才为目标，注重基础知识的介绍，强调知识面的拓展，突出基本技能的训练，旨在增强学生的工程意识、提高学生的工程能力。本书从教学够用的原则出发，力求内容通俗易懂，同时注重实习项目的实用性、通用性和典型性，融教、学、做为一体，力求体现能力本位的现代教育理念。

本书第1章介绍安全用电及触电急救的方法；第2章介绍常用电工电子材料、工具以及仪器设备的认识与使用；第3章介绍常用电子元器件的认识与检测；第4章介绍印制电路板的认识与设计制作；第5章介绍手工焊接技术与拆焊方法；第6章是典型电子产品综合创新训练项目。

参与本书编写的教师多年来一直从事电工电子实习教学工作，具有较丰富的实践教学经验和较强的实践动手能力。郭志雄编写第1章；陈崇辉编写第2、3章；刘玉芬编写第4、5章；孔令棚编写第6章。晏黑仂、邓琨、叶成彬参与部分资料及素材的收集和整理工作。本书由陈崇辉担任主编，郭志雄、孔令棚、刘玉芬担任副主编，负责全书的策划、组织和统稿。

本书的编写得到了电气工程学院领导与同事们的支持和帮助，本书的出版得到了北京邮电大学出版社的大力支持，并且本书获得了广州城市理工学院教材建设项目的资助，作者在此一并表示衷心的感谢。同时向所引用文献资料的作者、所参考和借鉴网络资源的作者表示崇高的敬意和真诚的感谢。

由于作者水平有限，书中难免存在疏漏之处，恳请读者批评指正。

作　者

# 目　录

## 第1章　安全用电 ··············································································· 1
### 1.1　触电对人体的危害 ···································································· 1
#### 1.1.1　触电伤害的种类 ······························································· 2
#### 1.1.2　电流效应的影响因素 ······················································· 2
### 1.2　触电的原因、形式及其预防 ···················································· 4
#### 1.2.1　触电的原因 ······································································ 4
#### 1.2.2　触电的形式 ······································································ 5
#### 1.2.3　触电预防 ·········································································· 6
### 1.3　触电急救 ················································································ 10
#### 1.3.1　触电事故现场急救基本原则 ·········································· 10
#### 1.3.2　触电事故应急处理方法 ·················································· 11
#### 1.3.3　现场抢救方法及注意事项 ·············································· 12
### 1.4　预防电气火灾及电气消防 ······················································ 15
### 本章小结 ······················································································ 16
### 思考与实践 ·················································································· 16

## 第2章　材料、工具与仪器的认识与使用 ····································· 18
### 2.1　常用材料 ················································································ 18
#### 2.1.1　五金紧固材料 ································································· 18
#### 2.1.2　电工材料 ········································································ 20
#### 2.1.3　电路板焊接材料 ····························································· 24
### 2.2　常用工具 ················································································ 26
#### 2.2.1　电工工具 ········································································ 26
#### 2.2.2　手持式电动工具 ····························································· 32
#### 2.2.3　电路板手工焊接工具 ····················································· 33
### 2.3　常用电子仪器设备 ·································································· 36
#### 2.3.1　万用表 ············································································ 36
#### 2.3.2　示波器 ············································································ 38

2.3.3　直流稳压电源 ……………………………………………………………… 40
　　2.3.4　函数信号发生器 …………………………………………………………… 41
本章小结 ……………………………………………………………………………… 42
思考与实践 …………………………………………………………………………… 42

## 第3章　电子元器件的认识与检测 …………………………………………………… 43
3.1　电子元器件的概念 ……………………………………………………………… 43
3.2　电路元件 ………………………………………………………………………… 44
　　3.2.1　电阻器 ………………………………………………………………………… 44
　　3.2.2　电容器 ………………………………………………………………………… 49
　　3.2.3　电感器 ………………………………………………………………………… 52
　　3.2.4　变压器 ………………………………………………………………………… 54
3.3　半导体元器件 …………………………………………………………………… 56
　　3.3.1　二极管 ………………………………………………………………………… 56
　　3.3.2　三极管 ………………………………………………………………………… 58
　　3.3.3　场效应晶体管 ………………………………………………………………… 60
　　3.3.4　晶闸管 ………………………………………………………………………… 61
　　3.3.5　集成电路 ……………………………………………………………………… 63
3.4　其他元器件 ……………………………………………………………………… 66
　　3.4.1　机电元器件 …………………………………………………………………… 66
　　3.4.2　显示元器件 …………………………………………………………………… 67
　　3.4.3　电声元器件 …………………………………………………………………… 70
本章小结 ……………………………………………………………………………… 71
思考与实践 …………………………………………………………………………… 71

## 第4章　印制电路板的认识与设计制作 ……………………………………………… 72
4.1　印制电路板概述 ………………………………………………………………… 72
　　4.1.1　印制电路板的结构 …………………………………………………………… 72
　　4.1.2　印制电路板的种类 …………………………………………………………… 73
　　4.1.3　印制电路板的应用 …………………………………………………………… 76
4.2　印制电路板的设计 ……………………………………………………………… 77
　　4.2.1　印制电路板设计的基本要求 ………………………………………………… 77
　　4.2.2　印制电路板的设计准备 ……………………………………………………… 78
4.3　印制电路板制作技术 …………………………………………………………… 79
　　4.3.1　印制电路板的基本制作流程 ………………………………………………… 79
　　4.3.2　印制电路板制作技术的发展趋势 …………………………………………… 80
本章小结 ……………………………………………………………………………… 81
思考与实践 …………………………………………………………………………… 81

## 第5章 焊接技术与拆焊方法

- 5.1 焊接技术基本知识 ... 82
  - 5.1.1 概述 ... 82
  - 5.1.2 锡焊的机理 ... 83
  - 5.1.3 锡焊的焊接条件 ... 84
  - 5.1.4 锡焊的焊接技术分类 ... 85
- 5.2 手工焊接技术 ... 85
  - 5.2.1 概述 ... 85
  - 5.2.2 准备工作 ... 86
  - 5.2.3 手工焊接技巧 ... 88
- 5.3 自动化焊接技术 ... 93
  - 5.3.1 浸焊与拖焊 ... 93
  - 5.3.2 自动表面贴装技术 ... 94
  - 5.3.3 自动波峰焊接 ... 95
  - 5.3.4 选择性焊接 ... 95
  - 5.3.5 激光焊接 ... 96
- 5.4 焊接质量检查 ... 97
  - 5.4.1 对焊点的要求 ... 97
  - 5.4.2 焊点质量 ... 98
- 5.5 拆焊与维修 ... 102
  - 5.5.1 通孔式元器件拆焊 ... 102
  - 5.5.2 表贴式元器件拆焊 ... 104
  - 5.5.3 维修 ... 106
- 本章小结 ... 108
- 思考与实践 ... 108

## 第6章 综合创新训练项目

- 6.1 多谐振荡闪烁灯 ... 109
- 6.2 呼吸灯 ... 114
- 6.3 LED点阵显示电路 ... 116
- 6.4 红外距离检测电路 ... 121
- 本章小结 ... 124
- 思考与实践 ... 124

**参考文献** ... 125

# 第1章 安全用电

电是现代物质文明的基础，随着科学技术的不断发展，电在工业生产和日常生活中被人们广泛使用，已经到了不可或缺的地步。电本身是看不见、摸不着的东西，它在造福人类的同时，对人类也有很大的潜在危险性，如果缺乏安全用电知识，没有恰当的措施和正确的技术，做不到安全用电，就会给人们的生命财产造成不可估量的损失。

由于电既看不见、听不见，又嗅不着，其本身不具备为人们直观识别的特征，由电所引起的危险不易被人们所察觉、识别和理解。因此，电气事故往往来得猝不及防。发生用电事故时，电能直接作用于人体，会造成电击伤害；电能转换成热能作用于人体，会造成烧伤或烫伤等电伤；电能脱离正常的通道（会形成漏电、接地或短路，引发火灾、爆炸等）。

电气事故是具有规律性的，且其规律是可以被人们认识和掌握的。在电气事故中，大量的事故都具有重复性和频发性，人们在长期的生产和生活实践中，已经积累了丰富的经验，只有遵守有关的电气安全技术措施和操作规程，电气事故才可以避免。我们只有熟悉电的特性，掌握电的规律，重视安全用电，才能让电更好地为我们服务。

掌握安全用电的基本知识非常重要，因此，我们需要了解什么是人体触电，触电的种类有哪些，如何做到触电预防、触电急救和电气消防等相关安全用电的基本知识，才能在生产生活中远离用电事故，做到安全用电。

## 1.1 触电对人体的危害

所谓触电，是指当人体接触到带电体或接触到因绝缘物质损坏而漏电的设备时，电流通过人体并对人体造成的伤害。由于人体是能够导电的，人体接触带电部位而构成电流回路，就会有电流通过人体，对人体造成不同程度的伤害。当发生触电时，电流会使人体肌肉痉挛，引起心室颤动，心脏跳动不规则，血压升高，呼吸困难，情况严重的会使人呼吸和心跳停止，产生电休克症状甚至死亡。

### 1.1.1 触电伤害的种类

触电对人体危害主要有电击和电伤两种。

**1. 电击**

电击是一种对人体的内部组织造成的伤害,严重时会导致死亡。发生电击时,电流通过人体内部,严重干扰人体正常生物电流,破坏人的心脏、神经系统、肺部的正常工作,造成人体肌肉痉挛、内部组织损伤、发热、发麻、神经麻痹等,严重时将引起人昏迷、窒息、心脏停止跳动、血液循环终止等而严重危害生命。

电击是触电事故中最危险的一种伤害,触电死亡绝大部分是因电击造成的。

**2. 电伤**

电伤是由电流的热效应、化学效应、机械效应以及电流本身作用造成的人体外部伤害,常见的电伤现象有灼伤、电弧烧伤、电烙伤和皮肤金属化等现象。

(1) 灼伤,由于电的热效应而灼伤人体皮肤、皮下组织、肌肉,甚至神经。灼伤引起皮肤发红、起泡、烧焦、坏死。

(2) 电弧烧伤是由弧光放电造成的烧伤,是常见的而且是最严重的电伤。

(3) 电烙伤,电烙伤是电流的机械和化学效应造成人体触电部位的外伤,通常是皮肤表面的肿块。

(4) 皮肤金属化,这种化学效应是由于带电体金属通过触电点蒸发进入人体造成的,局部皮肤呈现相应金属的特殊颜色。

电伤会对人体的体表造成局部伤害,一般是非致命的伤害,但电弧烧伤严重时会致人死亡。

### 1.1.2 电流效应的影响因素

电流对人体的伤害程度主要与以下因素有关:①通过人体电流大小;②电流通过人体的持续时间;③电流流过人体的途径;④电流的种类及电流的频率;⑤触电者健康状况。

**1. 通过人体电流大小**

通过人体的电流越大,人体的生理反应和病理反应越明显,感觉越强烈,引起心室颤动所需的时间越短,致命的危险性越大。

对于工频交流电,按照通过人体电流的大小和人体所呈现的不同状态,可以分为以下几种情况,如表1-1所示。

**2. 电流作用于人体的时间长短**

电流对人体的伤害与作用于人体的时间长短密切相关,电流作用于人体的时间越长,电击危险性越大,主要原因如下:

(1) 人体电阻减少：电击持续时间越长，因人体发热出汗和电流对人体组织的电解作用，人体电阻逐渐下降，导致通过人体电流增大，电击的危险性也随之增加。

表 1-1　通过人体的电流大小对人体的影响（工频交流电）

| 电流值/mA | 人体生理效应 |
| --- | --- |
| 0～0.5 | 没有感觉 |
| 0.5～10 | **感知电流值**，是指能引起人感觉的最小电流。此时人体开始有感觉，手指、手腕等处有发麻感觉，可以自行摆脱带电体。有实验数据表明，成年男性的平均感知电流值约为 1.1 mA，成年女性约为 0.7 mA |
| 10～30 | **摆脱电流值**，是指人体触电后能自主摆脱电源的最大电流。此时可能引起人体肌肉痉挛，呼吸困难，血压升高，是一般人可以忍受的极限，仍然可以自行摆脱带电体，但如果长时间不能摆脱仍有生命危险。有实验数据表明，成年男性的平均摆脱电流约为 16 mA，成年女性约为 10 mA |
| >30 | **致命电流值**，是指在较短时间内危及生命的最小电流。此时人将受到电击伤害，引起肌肉痉挛使触电者有可能从线路上或带电的设备上摔落；或者是被"吸附"在带电体上，电流不断通过人体，导致触电死亡 |
| >100 | 极短时间内（1 s 以上）人就会失去知觉，呼吸心跳停止而导致死亡 |

(2) 能量积累：电流持续时间越长，体内积累外界电能越多，伤害程度越大，表现为室颤电流减小。

(3) 中枢神经反射增强：电击持续时间越长，中枢神经反射越强烈，电击危险性越大。

电流对人体的伤害程度与电流的大小、作用的时间长短关系密切，电击的危险程度可以用电击强度来表示，电击强度越大，触电者受到电击伤害越严重。电击强度等于电流的数值与时间的乘积，一般认为，当人体受到的电击强度为 30 mA·s 时，即作用于人体的电流值达到 30 mA，作用时间 1 s 之内，就会对人体产生永久性的电击伤害，甚至死亡。

为了加强用电保护，一般家庭中都会安装使用漏电保护装置，对于漏电保护装置的一个重要安全系数指标，就是为了在发生电击事故时充分保证人身安全，额定断开时间与电流的乘积必须小于 3 mA·s。因此，在选用家用漏电保护器时以安全为主，应考虑选用快速型的、动作时间小于 0.1 s 的漏电保护器，以起到最大可能的安全保护作用。

**3. 电流流过人体的途径**

电流通过人体不同的部位对人体的伤害是不同的，其中电流通过心脏、中枢神经和脊椎等要害部位时，电击的伤害最为严重。以下是电流通过人体不同部位对人体的影响：

(1) 电流通过心脏会引起心室颤动，电流较大时会使心脏停止跳动，从而导致血液循环中断而死亡；

(2) 电流通过中枢神经或有关部位，会引起中枢神经严重失调而导致死亡；

(3) 电流通过头部会使人昏迷，或对脑组织产生严重损坏而导致死亡；

(4) 电流通过脊椎,会使人瘫痪等;

(5) 电流通过人的局部肢体亦可能引起中枢神经强烈反射而导致严重后果。

人体在电流的作用下,是没有绝对安全的通过途径。上述伤害中,以心脏伤害的危险性为最大。因此,流经心脏的电流大、电流路线短的途径是危险性最大的途径:

(1) 从左手到胸部是最危险的电流路径;

(2) 从右手到左手、从手到脚也是很危险的电流路径;

(3) 从脚到脚是危险性较小的电流路径,但不等于说没有危险。例如,由于跨步电压引起的触电,开始时电流通过两脚间,将会使触电者双足剧烈痉挛而摔倒,此时电流就会流经人体重要器官,造成严重伤害;另外,即使是两脚受到电击,随着电流作用于人体的时间增长,也会有一部分电流直接流经心脏等重要器官,同样会带来严重后果。

**4. 电流的种类及电流的频率**

一般来说,直流电流、交流电流通过人体,都有可能使人体触电。直流电流更多会引起电伤,而交流电流则是电伤与电击同时发生,因此工频交流电流的危险性远大于直流电流。

另外,交流电电流的频率不同,对人体的伤害程度也会有不同,电流频率在 25～300 Hz 交流电对人体的伤害最严重,而人们日常使用的工频市电正是在这个危险的频率段,所以我们需要特别关注。

**5. 触电者健康状况**

触电对人体的危害程度与人的健康状态和精神状态也有极大的关系。有数据表明,身体健康、肌肉发达者摆脱电流的可能性较大,室颤(致命)电流约与心脏质量成正比,心室颤动电流约与体重成正比,因此小孩遭受电击比成人危险;就电流对人体的作用而言,女性的感知电流和摆脱电流约比男性低三分之一,因此女性比男性更为敏感;患有心脏病、肺病、内分泌失常、中枢神经系统疾病及酒醉者等,其触电的危险性更大。

## 1.2 触电的原因、形式及其预防

### 1.2.1 触电的原因

在工农业生产和日常生活中,不同场合下引起触电的原因也不一样。根据生产、生活中所发生的触电事故,可以将发生触电事故的主要原因归纳为以下几类。

**1. 线路架设不合要求**

室内、外线路对地距离、导线之间距离小于允许值;室内导线破旧,绝缘损坏或敷设不合要求容易造成触电或碰线短路引起电气火灾;通信线、广播线与电力线距离过近或同杆架设,如遇断线或碰线时电力线电压传到这些设备上引起触电等。

**2. 电气操作制度不严格**

带电操作时未采取可靠的安全措施；救护触电者时不采取安全保护措施；不熟悉电路和电器盲目维修；使用不合格的安全工具进行操作；无绝缘措施而与带电体过分靠近等。

**3. 用电设备不合要求**

电烙铁、电熨斗等电器设备内部绝缘损坏，金属外壳无保护措施或接地线接触不良；开关、灯具、携带式绝缘外壳破损或相线绝缘老化，失去保护作用；开关、熔断器误装在中性线上，使整个线路带电而引起触电等。

**4. 用电不谨慎**

违反布线规程，在室内乱拉电线，在使用中不慎造成触电；换熔断丝时，随意加大规格或用铜丝代替铅锡合金丝；在电线上或电线附近晾晒衣物；在高压线附近烧烤、放风筝；用水冲刷电线和电器，或用湿毛巾擦拭，引起绝缘性能降低而漏电，造成触电事故等。

按照人体触电的方式和电流通过人体的途径，触电原因可以分为直接触电和间接触电两种情况。直接触电，是指人体直接接触或过分接近带电体而触电；间接触电，是指人体触及正常时不带电，而发生故障时才带电的金属导体而发生的触电。

### 1.2.2 触电的形式

按照人体触及带电体的形式，触电的形式可以分为单相触电、两相触电和跨步电压触电3种形式。

（1）单相触电，是指人体的某一部分与电气设备的一相带电体及大地（或中性线）构成回路，当电流通过人体流过该回路时，即造成人体触电，称为单相触电。对于中性点直接接地的电网及中性点不接地的低压电网都能发生单相触电，绝大多数的触电事故都属于这种形式，单相触电时的电压为相电压220 V，流过人体的电流足以致命。单相触电如图1-1所示。

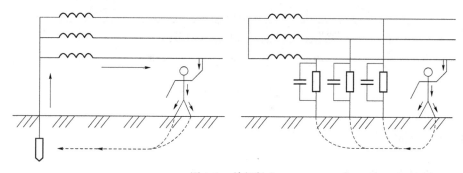

图1-1 单相触电

（2）两相触电，是指人体两个部位同时触及带电体的两条相线而发生的触电事故，称为两相触电。两相触电时，电流从一根相线通过人体流入另一相导线，此时加在人体的电压为线电压380 V，因此两相触电比单相触电危险性更大。两相触电如图1-2所示。

（3）跨步电压触电，当电力线（特别是高压线）断线落在地面上，或外壳接地的电气设备绝缘损坏而使外壳带电，电流由设备外壳经接地线、接地体（或由断落导线经接地点）流入大地，向四周扩散，在导线接地点及周围形成强电场，其电位分布以接地点为圆心向周围扩散，在不同位置形成电位差。

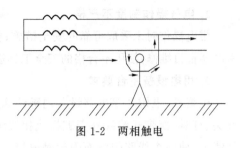

图 1-2　两相触电

这时，人站在地上触及设备外壳，就会承受一定的电压，称为接触电压，由此造成的触电称为接触电压触电；如果人走向设备附近地面上，人的跨距一般按 0.8 m 考虑，两脚之间也会承受一定的电压，称为跨步电压。人体两脚分开的站立点与接地点的距离越近，其跨步电压越大。在跨步电压作用下，电流从接触高电位的脚流进，从接触低电位的脚流出而引起人体触电，称为跨步电压触电。跨步电压触电如图 1-3 所示。人体受到跨步电压触电时，电流是沿着人的下身，从脚到脚与大地形成回路，使双脚发麻或抽筋而倒地，跌倒后由于头脚之间的距离大，使作用于人体上的电压增高，电流相应增大，并有可能使电流通过人体内部重要器官而出现致命的危险。当人体与接地体的距离超过 20 m（理论上为无穷远处），可认为跨步电压为零，不会发生触电危险。

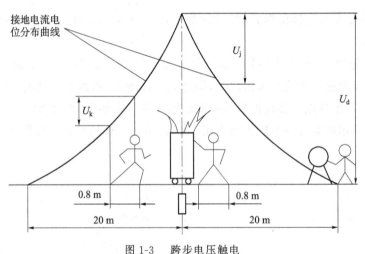

图 1-3　跨步电压触电

### 1.2.3　触电预防

**1. 发生触电事故的原因**

不同的场合，引起触电的原因也不一样，触电原因主要有以下几个方面。

（1）缺乏安全用电意识

缺乏安全用电意识是指人们对哪儿有电、哪儿漏电，什么会传电、什么会导电等基本电气知识不了解，忽视安全操作规程，违章操作。如违规带电作业、冒险维修、乱拉乱接、用铜丝代替熔丝、用湿布擦拭电线和电器、使用不合格的工具、未采取必要的安全措施、未挂警告牌等,一味蛮干,非常容易引起触电。

(2) 电气设备安装不合理

电气设备安装不合理是指采用一线一地制的违章线路架设、用电设备接地不良或线路短路、导线间的交叉跨越距离太小、弱电线路与电力线距离过近或同杆架设、拉线不加装绝缘子等。

(3) 设备不合格或维护不到位

设备不合格或维护不到位是指用电设备质量差或年久失修,绝缘损坏或导线裸露在外,造成漏电而外壳无保护接地线、保护接地线不合格或接地线断开,电气设备受潮,绝缘值降低,致使外壳带电等。

(4) 用电设备在使用中可能发生的异常情况

① 设备外壳或手持部位有麻电感觉;

② 开机或使用中熔断丝烧断或断路器"跳闸";

③ 出现异常声音,如噪声加大、有内部放电声、电动机转动声音异常等;

④ 异味,最常见为塑料味、绝缘漆挥发出的气味,甚至烧焦的气味;

⑤ 机内打火,出现烟雾;

⑥ 仪表指示超范围,有些指示仪表数值突变,超出正常范围。

**2. 提高安全用电意识**

(1) 工作场所安全用电注意事项

① 对正常情况下带电的部分,一定要加绝缘保护,并且置于人不容易碰到的地方,例如输电线、配电盘、电源板等。

② 所有有金属外壳的家用电器及配电装置都应该装设保护接地或保护接零,对目前大多数工作生活用电系统而言是保护接零。

③ 在所有用电场所装设漏电保护器。

④ 随时检查所用电器插头、电线,发现破损老化及时更换。

⑤ 手持电动工具尽量使用安全电压工作。

(2) 设备使用中异常情况处理办法

① 凡遇上述异常情况之一,应尽快断开电源,拔下电源插头,对设备进行检修。

② 对烧断熔断器的情况,绝不允许换上大容量熔断器工作,一定要查清原因再换上同规格的熔断器。

③ 及时记录异常现象及部位,并设置检修标志,避免检修时再通电。

④ 对有麻电感觉但未造成触电的现象不可忽略,这种情况往往是绝缘受损但未完全损坏,暂时未造成严重后果,但随着时间的推移,绝缘逐渐完全破坏,危险增大,因此必须及时检修。

(3) 家庭安全用电注意事项

随着人们生活水平的提高,家用电器的不断增加,在用电过程中,由于电气设备本身的缺陷、使用不当和安全技术措施不力而造成的人身触电和火灾事故,给人们的生命和财产带来了不应有的损失,而漏电保护器的出现,对预防各类事故的发生,及时切断电源,保护设备和人身安全,提供了可靠而有效的技术手段。

① 对正常情况下带电的部分,一定要加绝缘保护,并且置于人不容易碰到的地方,例如输电线、配电盘、电源板等。

② 所有具有金属外壳的家用电器及配电装置都应该装设保护接地或保护接零,对目前大多数工作生活用电系统而言是保护接零。

③ 在所有用电场所装设漏电保护器,购买家用电器时应认真查看产品说明书的技术参数(如频率、电压等)是否符合本地用电要求。要清楚耗电功率多少、家庭已有的供电能力是否满足要求,特别是配线容量、插头、插座、熔断器、电表是否满足要求。

④ 随时检查所用电器插头、电线,发现破损老化及时更换。

⑤ 手持电动工具尽量使用安全电压工作,我国规定常用安全电压为 42 V、36 V 或 24 V,特别危险场所的安全电压为 12 V 或 6 V。

**3. 触电预防措施**

安全用电,人人有责,确保人身设备安全。首先,要加强安全教育,普及安全用电常识,加强学习安全用电的基本常识是十分重要的。其次,采取合理的安全防护技术措施。根据人体触电情况的不同,可将触电预防措施分为预防直接触电和预防间接触电。

(1) 预防直接触电的措施

直接触电的预防措施中,绝缘、屏护、间距、安全电压措施都是最为常见的安全措施,也是各种电气设备都必须考虑的通用安全措施,其主要作用是为了防止人体触及或过分接近带电体造成触电事故,以及防止发生短路、故障接地等电气事故的安全措施。

① 绝缘措施。绝缘是用绝缘物把带电体封闭起来,良好的绝缘是保证设备和线路正常运行的必要条件,也是防止触电事故发生的重要措施。选用绝缘材料必须与电气设备的工作电压、工作环境和运行条件相适应。绝缘电阻是最基本的绝缘性能指标,足够的绝缘电阻能把电气设备的泄漏电流限制在安全范围内,防止事故发生。

② 屏护措施。电气屏护措施是采用屏护装置控制不安全因素,屏护装置包括遮拦和障碍。遮拦可防止无意或有意触及带电体;障碍可以防止无意触及带电体。屏护还有防止电弧烧伤、防止短路和便于安全操作的作用;常用电器的绝缘外壳、金属网罩、变压器的遮拦、栅栏等,为了将带电体与外界隔绝开来,也可采用屏护装置,以杜绝不安全因素;金属材料制作的屏护装置,都应该有可靠的接地或接零措施。

③ 间距措施。为了防止人体触及或接近带电体造成触电事故,为了避免车辆或其他器具碰撞或过分接近带电体,防止火灾、防止过电压放电和各种短路事故,以及为了方便操作,在带电体与地面之间、带电体与其他设施和设备之间、带电体与带电体之间均需保持一定的安全距离。安全距离的大小由电压的高低、设备的类型、安装方式等因素决定,电气安全规程有明确规定,必须严格遵守和执行。

(2) 间接触电的预防措施

在正常情况下,直接触电的防护措施能保证人身安全,但是当电气设备绝缘发生故障而损坏时,造成电气设备严重漏电,使不带电的外露金属部件如外壳、护罩、构架等呈现出危险的接触电压,当人们触及这些金属部件时,就构成间接触电。间接触电的预防措施主要有接地保护、接零保护、自动断电等措施。

间接触电防护的目的是防止电气设备故障情况下发生人身触电事故,也是为了防止设备事故进一步扩大。间接触电的防护目前主要采用保护接地或保护接零等措施。保护接地和保护接零,也称接地保护和接零保护,虽然两者都是安全保护措施,但是它们实现保护作用的原理不同。简单地说,保护接地是将故障电流引入大地;保护接零是将故障电流引入系统,促使保护装置迅速动作而切断电源。

① 保护接地。为了保护人身安全,避免发生触电事故,将电气设备在正常情况下不带电的金属部分(如外壳等)与接地装置实行良好的金属性连接,如图1-4(a)所示的三相电源,中性点不接地,如果接在这个电源上的电动机出现漏电后,外壳就带电,操作人员碰触时便会发生触电;如果采用了保护接地,如图1-4(b)所示,此时就会因金属外壳已与大地有了可靠而良好的连接,则人体电阻和保护接地电阻并联,由于人体电阻比保护接地电阻大得多,便能让大部分电流通过接地体流散到地上,减轻了对人体触电伤害程度。接地电阻越小,保护越好,一般要求金属接地体的接地电阻小于或等于4 Ω。

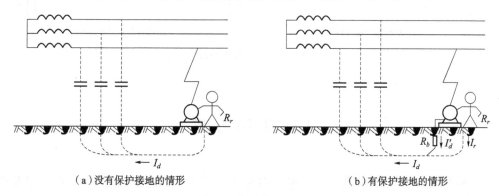

图1-4 保护接地原理

② 保护接零。将电气设备在正常情况下不带电的金属部分用导线直接与低压配电系统的零线相连接,这种方式便称为保护接零,简称接零,如图1-5(a)、(b)所示。在图1-5(a)中,电动机的外壳没有与低压配电系统的零线相连接,这时一旦电动机的一相绝缘损坏与外壳相碰时,人体触及外壳就相当于单相触电;在图1-5(b)中,电动机采用了保护接零,当电动机的一相绝缘损坏与外壳相碰时,则该相电源通过机壳和中性线形成单相短路,电流很大,迅速将线路上的熔断器熔断,或使其他保护设备迅速动作,切断线路,从而消除机壳带电的危险,起到保护作用。

③ 自动断电措施。在带电线路或设备上采取漏电保护、过流保护、过压或欠压保护、短路保护、接零保护等自动断电措施,当发生触电事故时,在规定时间内能自动切断电源,起到保护作用。

漏电保护开关也称触电保护开关,是一种保护切断型的安全技术,可以把它看作一种具有检测漏电功能的灵敏继电器,当检测到漏电情况后,控制开关动作切断电源,漏电保护开关比保护接地或保护接零更灵敏、更有效。目前发展较快、使用广泛的是电流型漏电保护开关,按国家标准规定,电流型漏电开关电流与时间的乘积小于或等于 3 mAs。实际产品一般额定动作电流为 30 mA,动作时间为 0.1 s,当人身触电或电路泄漏电流超过规定值时,漏电保护器能在 0.1 s 内使断路器自动跳闸切断电源;若用电设备过载或电路发生短路事故,断路器也会自动跳闸切断电源,从而起到保护人身安全和设备安全的作用。

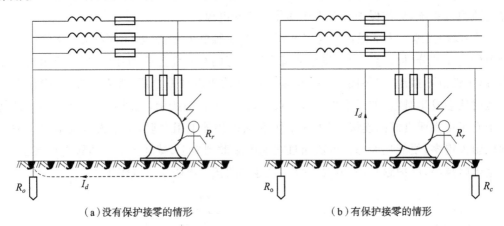

图 1-5 保护接零原理

## 1.3 触电急救

采取有效的预防措施,确实可以减少触电事故的发生,但仍然避免不了所有事故的发生。一旦触电事故发生,掌握正确的急救知识,可以使触电者得到有效的救护。

### 1.3.1 触电事故现场急救基本原则

触电事故现场急救的基本原则是:迅速、就地、准确、坚持。触电现场紧急救护的原则是尽可能在现场采取积极措施,保护伤员的生命,减轻伤情,减少痛苦,并根据伤情需要,迅速与医疗急救中心(医疗部门)联系救治。急救成功的关键是动作快、操作正确,任何拖延和操作错误都会导致伤员伤情加重或死亡。要认真观察伤员全身情况,防止伤情恶化。

触电急救的第一步是使触电者迅速脱离电源,第二步是对触电者进行现场救护。有统计资料指出,触电者如果能够在触电后 1 分钟内得到救治,90% 会有良好的效果;12 分钟后才开始救治者,救活的可能性很小。由此可见,触电急救的要点是:动作迅速,救护得法,即用最快的速度在现场采取积极措施,保护触电者生命,减轻伤情,减少痛苦,并根据伤情需要迅速联系医疗救护等部门救治。触电急救要有耐心,因为低压触电伤者一般呈现的是假死状态,进行科学的方法急救时必要的,而且在医务人员未接替救治前,不应放弃现场抢救。

### 1.3.2 触电事故应急处理方法

**1. 使触电者迅速脱离电源的方法和注意事项**

人体触电后,往往不能自主摆脱电源,而触电时间越长,对触电者的伤害就越大。所以首要任务是使触电者迅速而安全地脱离电源,越快越好。

(1) 低压触电事故可采用下列方法使触电者脱离电源

① 如果触电地点附近有电源开关或电源插座,可立即拉开开关或拔出插头,断开电源。

② 如果一时找不到断开电源的开关时,应迅速用有绝缘柄的电工钳或有干燥木柄的斧头切断电线,断开电源。

③ 当电线搭落在触电者身上或压在身下时,可用干燥的衣服、绳索、木棒等绝缘物作为工具,拉开触电者或挑开电线。

(2) 高压触电事故可采用下列方法使触电者脱离电源

① 立即通知有关供电单位或用户停电。

② 由专业人员带上绝缘手套,穿上绝缘靴,用相应电压等级的绝缘工具按顺序拉开电源开关或熔断器,在确保救护者安全的情况下展开救护。

(3) 使触电者脱离电源时的注意事项

① 在脱离电源过程中,救护人员一定要注意保护自身安全,必须使用适当的绝缘工具,不能直接用手、金属或潮湿物件作为救护工具,并且尽可能用一只手操作。

② 防止切断电源时触电者可能的摔伤,如触电者处于高处,应采取相应措施,防止该伤员脱离电源后自高处坠落形成复合伤,做好防摔措施。

③ 如果事故发生在夜间,应迅速解决临时照明,以利抢救,并避免事故扩大。

④ 高压触电时,不能用干燥木棒、竹竿去拨开高压线。应与高压带电体保持足够的安全距离,防止跨步电压触电。

**2. 脱离电源后,检查触电者受伤情况的方法**

触电者脱离电源后立即将触电者平放在干燥的硬地上使其仰卧,判断其神志是否清醒,是否有呼吸和心跳,检查是否有其他伤害。

(1) 检查神志是否清醒的方法

在触电者耳边大声喊其名字,或用手拍打其肩膀,如无反应时则判断为神志不清。

(2) 检查是否有自主呼吸的方法

如果触电者已经神志不清,则要通过"看、听"判断是否有自主呼吸。具体的方法是,在保持气道通畅的情况下,救护者将耳贴近触电者的口和鼻,头部偏向触电者的胸部,聆听有无呼气声,面部感觉有无气体排出,同时观看胸腹部是否有起伏。如都没有,则可以判断其没有呼吸。

(3) 检查是否有心跳的方法

可以用"试"的方法,摸试触电者颈动脉是否有搏动,判断是否有心跳。检查时要让触电者头部后仰,抢救人员把食指与中指并拢放在其喉部,然后将手指滑向其颈部气管和邻近肌肉带之间的沟内就可测试到颈动脉的搏动,如果测不到,就可以判断其心跳停止。触摸时要轻,只能摸一侧,不能两侧同时摸,要避免用力压迫颈动脉,以防头部供血中断。

### 1.3.3 现场抢救方法及注意事项

**1. 根据受伤情况的不同处理方法**

使触电者脱离电源,检查其受伤情况后,要根据触电者不同的情况,采取急救方法救治。

(1) 触电者未失去知觉的救护措施

① 触电者神志尚清醒,但感觉头晕、心悸、出冷汗、恶心、呕吐等,应让其静卧休息,减轻心脏负担。派人严密观察,同时请医生前来救治。

② 触电者神志有时清醒,有时昏迷,但呼吸和心跳尚正常,这时,应一方面让其平卧休息,解开衣服以利呼吸,保持空气流通,另一方面请医生前来救治救治,密切注意其伤情变化,做好万一恶化的抢救准备。

(2) 触电者呼吸、心跳停止的救护措施

如果触电者呈现"假死"(即所谓电休克)现象,则可能有 3 种临床症状:①心跳停止,但尚能呼吸;②呼吸停止,但心跳尚存(脉搏很弱);③呼吸和心跳均已停止。对于"有心跳而呼吸停止"的触电者,应采用"口对口人工呼吸法"进行抢救;对于"有呼吸而心跳停止"的触电者,应采用"胸外心脏按压法"进行抢救;对于"呼吸心跳都已停止"的触电者,应同时采用"口对口人工呼吸法"和"胸外心脏按压法"进行抢救。

**2. 现场抢救方法操作要领**

(1) 口对口人工呼吸法

当触电者呼吸停止时,口对口人工呼吸法是帮助触电者恢复呼吸的有效方法。对伤员采取口对口人工呼吸法之前,首先要使其气道通畅。具体做法是:将触电者仰卧,迅速解开触电者的衣领、围巾、紧身衣服和裤带等,除去口腔中的黏液、血块、食物、假牙等杂物,使其气道通畅。口对口人工呼吸法的操作步骤如下:

① 头部后仰,将触电者的头部尽量后仰,鼻孔朝天,颈部伸直。操作步骤如图 1-6 所示。

② 捏鼻掰嘴,救护人在触电者头部的一侧,用一只手捏紧他的鼻孔,另一只手的拇指和食指掰开嘴巴。操作步骤如图 1-7 所示。

③ 贴紧吹气,救护人深吸气后,紧贴着触电者的嘴巴大口吹气,使其胸部膨胀,操作步骤如图 1-8 所示。

④ 救护人换气,放松捏住触电者嘴鼻的手指,使其自动向外呼气,操作步骤如图 1-9 所示。

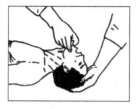
图1-6 头部后仰

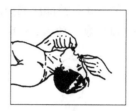
图1-7 捏鼻掰嘴

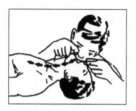
图1-8 贴紧吹气

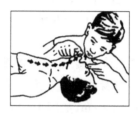
图1-9 放松换气

每 5 s 吹一次，吹气 2 s，放松 3 s。对体弱者和儿童吹气时用力应稍轻，不可让其胸腹过分膨胀，以免肺泡破裂。

口对口人工呼吸必须坚持持续进行，不可间断，同时注意观察触电者胸部的复原情况，有无呼气声。当触电者自己开始呼吸时，人工呼吸应立即停止。

(2) 胸外心脏按压法

当触电者心脏停止跳动时，胸外心脏按压法是帮助触电者恢复心跳的有效方法。当触电者心脏停止跳动时，有节奏地在胸外廓加力，对心脏进行按压，代替心脏的收缩与扩张，达到维持血液循环的目的，如图 1-10 所示。

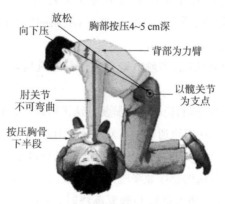
图1-10 胸外心脏按压法图示

胸外心脏按压法操作要领如图 1-11～图 1-14 所示，其步骤如下。

① 将触电者衣服解开，使其仰卧在硬板上或平整的地面上，找到正确的按压点。通常是，正确的按压点是在触电者两乳头连线中点（胸骨中下 1/3 处），救护者伸开手掌，手掌的根部紧贴着正确的按压点，如图 1-11 所示。

② 救护人跪跨在触电者腰部两侧的地上,身体前倾,两臂伸直,手掌根部放至正确压点,两手重叠,手指翘起,双臂伸直,两手相叠,以手掌根部放至正确压点,如图 1-12 所示。

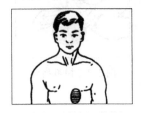 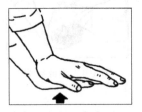

图 1-11　正确压点　　　　图 1-12　叠手姿势

③ 下压时以髋关节为支点,掌根均衡用力,利用上身的重力向下按压,压出心室的血液,使其流至触电者全身各部位。按压深度成人为 4～5 cm;对儿童用力要轻,只用两只手指按压,压陷深度约 2 cm,如图 1-13 所示。

④ 压陷后立即放松,依靠胸廓自身的弹性,使胸腔复位,血液流回心脏。但手掌不能离开挤压部位。如此循环下去,如图 1-14 所示。

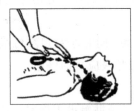 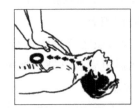

图 1-13　向下按压　　　　图 1-14　突然放松

重复③、④步骤,胸外心脏按压法的频率为成年人 80～100 次/分钟,儿童 90～100 次/分钟,反复进行。按压应平稳,有节律地进行,不能间断,不能冲压式猛压,太快太慢或用力过轻过重,都不能取得好的效果。

同时要注意观察触电者情况,当触电者自主恢复心跳后,应马上停止胸外按压。

(3) 心肺复苏法

若触电者心跳、呼吸都停止时,应采用心肺复苏法进行抢救。心肺复苏法就是支持生命的三项基本措施,即心肺复苏法＝气道通畅＋口对口人工呼吸法＋胸外心脏按压法。心搏骤停一旦发生,如得不到及时的抢救复苏,4～6 分钟后会造成患者脑和其他人体重要器官组织的不可逆的损害,因此心肺复苏法的操作顺序应为:胸外按压→开放气道→人工呼吸。

① 当只有一个急救者给病人进行心肺复苏法时,应是每做 30 次胸外心脏按压,交替进行 2 次人工呼吸。做人工呼吸前,应注意使气道通畅,检查清除触电者口腔中的脏物、假牙等杂物,如果舌头后缩,应拉出舌头,使其呼吸道通畅。

② 当有两个急救者给病人进行心肺复苏法时,首先两个人应呈对称位置,以便于互相交换。此时,可以一个人做胸外心脏按压,另一个人做人工呼吸,两人配合进行,每按压心脏 5 次,再做口对口人工呼吸 1 次。

③ 触电的急救必须坚持,如果触电者的呼吸和心跳恢复正常,可以停止急救工作。如不能维持正常的呼吸和心跳,必须在现场附近就地进行抢救,尽量不要搬动,以免耽误抢救时间。抢救工作不能中断,直到医务人员接手进行抢救为止。

## 1.4 预防电气火灾及电气消防

电能作为一种既洁净又高效的能源,已经渗透到当今社会的每一个角落,是人们生活中不可缺少的一部分。但是,电在造福人类的同时,也会带来危害。电气火灾造成人们生命和财产损失的重大灾害,随着现代电气化的日益发展,在火灾占比中,电气火灾所占比例不断上升,而且随着城市化进程,电气火灾损失的严重性也在上升。据消防部门近几年的统计,全国电气火灾在重特大火灾中所占的比例,已从20世纪20年代的8%飙升到目前的60%以上。电气原因造成的火灾不但带来极大的经济损失,而且严重危及人们的生命安全。电气火灾的火势凶猛,蔓延速度快,若不及时扑灭,会造成人身伤害,设备、线路的破坏,会给国家造成重大损失,所以要预防电气火灾的发生。

**1. 电气火灾原因**

电气火灾是指由电气设备的绝缘材料因温度升高或遇到明火而燃烧,引起周围可燃物的燃烧或爆炸所形成的火灾,是一种危害性极大的火灾。一般引发电气火灾和爆炸的原因有以下几种:

(1) 电气线路和设备过热。由于短路、过载、铁损过大、接触不良、机器摩擦、通风散热条件恶化等原因,都会使电气设备和电器设备整体或局部温度升高,从而引燃引爆易燃易爆物质而发生电气火灾和爆炸。

(2) 电弧和电火花。电气线路和电气设备发生短路或接地故障、绝缘子闪落、接头松脱、过电压放电、熔断器熔体熔断、开关操作以及继电器触点开闭等都会产生电火花和电弧,而电火花和电弧可以直接引燃或引爆易燃易爆物质。所以,在有火灾危险的场所,尤其是在有爆炸危险的场所,电弧和电火花是引起火灾和爆炸的十分危险的火源。

(3) 静电放电。静电是普遍存在的物理现象。两物体之间相互摩擦可产生静电;处在电场内的金属物体上会感应静电;施加过电压的绝缘体中会残留静电。有时对地绝缘的导体或绝缘体上会积累大量的电荷而具有数千伏乃至数万伏的高电位,足以击穿空气间隙而发生火花放电,很可能引燃易燃物质或引爆爆炸性气体混合物,引起火灾或爆炸,所以静电对石油化工、橡胶塑料、纺织印染、造纸印刷等行业的生产场所是十分危险的。

**2. 电气火灾的预防及电气消防**

要避免电气火灾的发生,必须做好预防工作,要合理地选用电气设备,保证电气设备的正常运行和维护;在设计时要根据负载容量等因素装设短路、过载等保护措施;要加强电气设备的日常维护,定期检修,使设备在安全状态下运行;采用耐火设施,配置防火器材,加强防火意识;对于有易燃、易爆、有粉尘的场所,要保证通风良好,防止电气火灾引起的爆炸。

(1) 预防电气火灾常识

① 用电负荷不得超过导线的允许载流量,发现导线有过热的情况,必须立即停止用电,并报告电工检查处理。

② 熔断器的熔体等各种保护器必须按相关标准配置并按国家和行业有关规程的要求装配,保持其动作可靠。

③ 不得随意加大熔断体的规格,不得以其他金属导体代替熔断体。

④ 家用电热设备、暖气设备一定要远离煤气罐、煤气管道等易燃易爆物体,无自动控制的电热器具,人离去时应断开电源。

⑤ 发现煤气漏气时应先开窗通风,千万不能拉合电源,并及时请专业人员修理。

⑥ 使用电熨斗、电烙铁等电热器件,必须远离易燃物品,用完后应切断电源,拔下插销以防意外。

⑦ 发现家用电器损坏,应首先切断电源,并请经过培训的专业人员进行修理,自己不要拆卸。

(2) 电气火灾消防常识

发生电气火灾时,要先断开电源再行灭火,严禁用水熄灭电气火灾。在发生电气设备火警时,或临近电子设备附近发生火警时,应立即报火警电话,由专业人员运用正确的灭火知识,采用正确的方法灭火。当电子设备或线路发生火警时,要尽快切断电源,防止火情蔓延和灭火时发生触电事故;对于电气火灾,不可用水或泡沫灭火器灭火,要采用二氧化碳、1211灭火器灭火;灭火人员应避免使身体及所持灭火器材触及带电的导线或电子设备,以防触电。

## 本 章 小 结

随着科技的不断发展,电力已经成为我们生活中不可或缺的一部分,本章在着重培养学生在掌握专业知识的同时,使其具有良好的安全用电意识;了解触电的原因和触电对人体的危害;了解用电安全保护技术;掌握触电预防和触电急救知识。

## 思考与实践

1. 触电的种类,人体触电伤害主要有哪两种?分别对人体有什么伤害?
2. 决定电流对人体的危害性主要与哪些因素有关?
3. 人体触电的方式主要有哪几种?
4. 跨步电压触电的情形,一般可采取什么方法避免?

5. 触电预防措施中,对于预防直接触电采取的措施主要有哪些?对于预防间接触电采取的措施主要有哪些?

6. 触电现场急救的原则是什么?而首先最重要的工作又是什么?

7. 对触电者进行诊断,最简单的诊断方法分别是什么?判断其呼吸和心跳是否存在,以便采用正确的救治方法。当判定触电者呼吸和心跳停止时,应立即按心肺复苏法就地抢救。心肺复苏法就是支持生命的三项基本措施分别是什么?

8. 简述人工心肺复苏的方法和步骤。

9. 雷雨天气时,有哪些避免雷击正确的做法?

10. 使用灭火器进行灭火的最佳位置是哪个位置?

11. 发生电气火灾,首先应该做什么?

12. 试总结日常生活中存在的不良用电习惯和不安全用电隐患。

13. 简述低压触电急救中使触电者脱离电源的方法及注意事项。

14. 判断触电者伤情的操作方法实操训练。

15. 触电者脱离电源后有呼吸无心跳时,按具体步骤进行胸外心脏按压法的正确操作方法训练。

16. 触电者脱离电源后无呼吸有心跳时,按具体步骤进行口对口人工呼吸法的正确操作方法训练。

17. 触电者脱离电源后呼吸心跳均停止时,按具体步骤进行心肺复苏法的正确操作方法训练。

# 第 2 章 材料、工具与仪器的认识与使用

电工电子常用材料有五金紧固材料、电工材料以及电路板焊接材料;常用工具有电工工具、电动工具以及电子电路焊接工具;常用电子仪器设备有万用表、示波器、稳压电源、信号发生器等。本书限于篇幅,主要介绍电工电子领域常用的材料、工具与仪器设备。

## 2.1 常用材料

### 2.1.1 五金紧固材料

**1. 自攻螺丝**

螺丝是紧固件的通用说法,日常口头语。螺丝是利用物体的斜面圆形旋转和摩擦力的物理学和数学原理,循序渐进地紧固器物机件的工具。螺丝的作用主要是把两个工件连在一起,起紧固的作用。

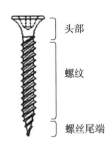

图 2-1 自攻螺丝的组成

自攻螺丝是指不需要配合螺母使用的螺丝,牙螺纹是自攻型的,一般是尖头、粗牙、质地硬的螺丝,按材质常用的有铁螺丝、不锈钢螺丝、铜螺丝、塑胶螺丝、木头螺丝等。自攻螺丝从头到尾是由头部、螺纹和螺丝尾端三部分组成的,自攻螺丝的组成如图 2-1 所示。

每一个自攻螺丝的构成都有四大要素:头部形状、扳拧方式、螺纹种类、尾端形式,这些要素有各种各样的变化以及它们之间可以相互组合。比如头部形状常见的有盘头、圆头、半圆头、沉头等类型;扳拧方式常用的有一字槽、十字槽、内三角、内六角、外六角等。这样就衍生出许多属于自攻螺丝范畴的不同产品。本书限于篇幅,只列举一些常用的自攻螺丝,如图 2-2 所示。

(a) 十字圆头自攻螺丝　　(b) 十字沉头自攻螺丝　　(c) 内六角圆头自攻螺丝　　(d) 内六角沉头自攻螺丝

图 2-2　常用的自攻螺丝

**2. 螺栓**

螺栓又称为螺钉,有时候也统称为螺丝,是由头部和螺杆(带有外螺纹的圆柱体)两部分组成的一类紧固件,需与螺母配合,用于紧固连接两个带有通孔的零件。螺栓按头部形状可分为六角头的、圆头的、方形头的、沉头的等。常用的螺栓如图 2-3 所示,其中(a)为六角头螺栓,(b)为圆头螺栓,(c)为方形头螺栓,(d)为沉头螺栓。

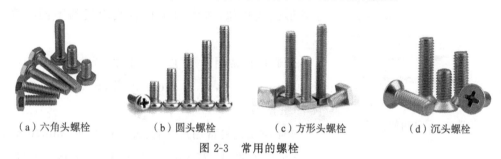

(a) 六角头螺栓　　　　(b) 圆头螺栓　　　　(c) 方形头螺栓　　　　(d) 沉头螺栓

图 2-3　常用的螺栓

**3. 螺母**

螺母又称为螺帽,与螺栓或螺杆拧在一起用来起紧固作用的零件,几乎所有生产制造机械必须用的一种元件。根据材质的不同,常用的有碳钢、不锈钢、有色金属(如铜)等几大类型。

常用的螺母如图 2-4 所示,其大小有 M3、M4、M5、M6、M8、M10、M12 等,M 后面的数字指螺母内径大小。比如 M4 指螺母内径大约为 4 mm。

**4. 垫圈**

垫圈指垫在被连接件与螺母之间的零件,一般为扁平形的金属环,用来保护被连接件的表面不受螺母擦伤,分散螺母对被连接件的压力。常用的垫圈如图 2-5 所示,主要有平垫圈和弹簧垫圈等。平垫圈如图 2-5(a)所示,一般用在连接件中一个是软质地的,另一个是硬质地较脆的,其主要作用是增大接触面积,分散压力,防止把质地软的压坏。而弹簧垫圈如图 2-5(b)所示,弹簧垫圈的作用是防松,多用于有震动存在的物体的紧固件上。

图 2-4　常用的螺母

(a)平垫圈　　　　　　(b)弹簧垫圈

图 2-5　常用的垫圈

**5. 钉子**

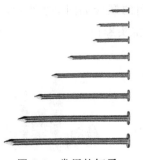

图 2-6　常用的钉子

钉子是金属制成的细棍形的物件,一端有扁平的头,另一端尖锐,主要起固定或连接作用,也可以用来悬挂物品或作别用。常用的钉子如图 2-6 所示,根据材料不同主要有铁钉和钢钉,两种钉子外形比较相似,颜色由于材料及涂层的不同有少量差异。

普通铁钉常用的尺寸有:0.6 寸,长 16 mm;0.8 寸,长 20 mm;1.2 寸,长 30 mm;2.0 寸,长 50 mm;2.8 寸,长 70 mm 等。

304 材质钢钉常用尺寸有:0.5 寸,长 15 mm;0.8 寸,长 20 mm;1 寸,长 27 mm;1.2 寸,长 30 mm;1.5 寸,长 40 mm;2.0 寸,长 50 mm;2.5 寸,长 65 mm;3.0 寸,长 75 mm 等。

## 2.1.2　电工材料

**1. 开关**

开关是一类电子元件,是指一个可以使电路开路或导通、使电流中断或使其流到其他电路的电子元件。本节讨论的是有金属触点的开关,最简单的开关有两个金属触点,当两个触点接触时称为导通,允许电流流过;当两个触点不接触时称为开路,不允许电流流过。常用的有空气开关、86 型开关、钮子开关、船型开关、拨动开关等。

(1) 空气开关

空气开关又称为空气断路器,是断路器的一种,是一种只要电路中电流超过额定电流就会自动断开的开关。空气开关是低压配电网络和电力拖动系统中非常常用的一种电器,它集控制和多种保护功能于一身。空气开关根据线路极数的多少可分为 1P、2P、3P、4P 等;根据可通过电流大小可分为 10 A、16 A、20 A、25 A、32 A、40 A、50 A、63 A 等。常用的空气开关如图 2-7 所示。

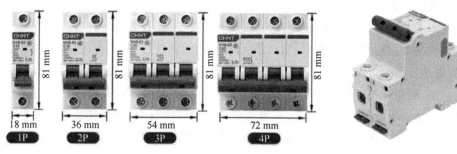

图 2-7　常用的空气开关

还有一种带有漏电保护功能的空气开关,又称为漏电保护器、漏电开关、漏电断路器等,主要是用在设备发生漏电故障时以及对有致命危险的人身触电时起保护作用,同时具有过载和短路保护功能,可用来保护线路或设备的过载和短路。常用的漏电保护器如图 2-8 所示。

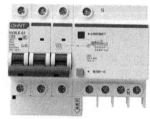

（a）2P漏电保护器　　　　　　（b）3P+N漏电保护器

图 2-8　常用的漏电保护器

（2）86 型开关

86 型开关,这个是最常见的墙壁开关尺寸,外观是方形的,边长为 86 mm,也是全国大多数地区工程和家装中最常用的开关。按照开关数可分为单控开关、双控开关等,单控开关指一个开关控制一盏灯;双控开关指两个开关可控制同一盏灯,双控开关可以当做单控开关使用,但单控开关不可以当做双控开关使用。常用的 86 型开关如图 2-9 所示。

（a）单开双控开关　　　（b）双开双控开关　　　（c）三开单控开关　　　（d）门铃开关

图 2-9　常用的 86 型开关

(3) 其他开关

其他开关主要有钮子开关、船型开关、拨动开关等,也还有其他各种各样的开关。钮子开关是一种手动控制开关,主要用于交直流电源电路的通断控制,具有体积小,操作方便等特点,是电子设备中常用的开关。船型开关也称翘板开关,结构与钮子开关相同,只是把钮柄换成船型,船型开关常用作电子设备的电源开关,有些开关还带有指示灯。拨动开关是通过拨动开关柄使电路接通或断开,从而达到切换电路的目的,拨动开关一般用于低压电路,具有滑块动作灵活、性能稳定可靠的特点。常用的其他开关如图 2-10 所示。

（a）钮子开关　　　　　（b）船型开关　　　　　（c）拨动开关

图 2-10　常用的其他开关

**2. 电源插座**

电源插座是指有一个或一个以上电路接线可插入的座,通过它可插入各种接线。通过线路与铜件之间的连接与断开,来达到该部分电路的接通与断开。常用的插座有固定于墙面的 86 型插座,以及连接有延长线的移动式插座。常用的插座如图 2-11 所示。

（a）86 型五孔插座　　　（b）86 型带开关八孔插座　　　（c）移动式插座

图 2-11　常用的插座

**3. 电源插头**

电源插头是指将电器用品等装置连接至电源的装置,一般可分为 2 芯电源插头和 3 芯电源插头,几乎所有的家用电器均需要电源插头,与插座配套使用。根据功率不同可分为 10 A 和 16 A 电源插头。常用的电源插头如图 2-12 所示。

（a）2 芯 10 A 电源插头　　（b）3 芯 10 A 电源插头　　（c）3 芯 16 A 电源插头

图 2-12　常用的电源插头

**4. 电线**

电线是指传输电能的导线。在日常习惯上，人们把家用布电线叫做电线，把电力电缆简称电缆。本节限于篇幅只讨论家用电线，其具有芯数少、产品直径小、结构简单等特点，电线一般是单层或双层绝缘，单芯或多芯，100 m 一卷，无线盘。导体截面积常用的有 0.75 mm²、1.0 mm²、1.5 mm²、2.5 mm²、4 mm²、6 mm²、10 mm²、16 mm² 等，一般把导体截面积大于 6 mm² 的电线称为大电线，把导体截面积小于或等于 6 mm² 的电线称为小电线。

常用的电线如图 2-13 所示。图 2-13(a)为 BV 电线，全称铜芯聚氯乙烯绝缘布电线，简称塑铜线或单股硬线，是一种单芯硬导体无护套电线，用途是普通绝缘电线，即家用电线，是最常用的电线类型。图 2-13(b)为 BVR 电线，全称铜芯聚氯乙烯绝缘软电线，常称为多股软线，其应用于固定布线时要求柔软的场合，固定布线可用于室内明敷、穿管等场合，是常用的家用电线。

图 2-13(c)为 RV 电线，全称铜芯聚氯乙烯绝缘连接软电线，简称为铜芯绝缘导线或多股铜芯软电线。图 2-13(d)为 RVS 电线，全称铜芯聚氯乙烯绝缘绞型连接用软电线、又称为对绞多股软线或双绞多股铜芯软电线，简称双绞线，俗称"花线"，适用于家用电器等用线。

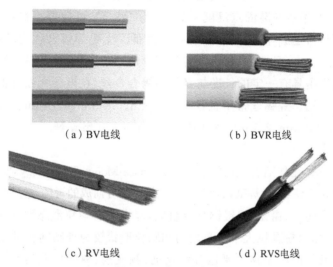

(a) BV电线　　(b) BVR电线

(c) RV电线　　(d) RVS电线

图 2-13　常用的电线

**5. 绝缘胶带**

绝缘胶带又称为绝缘胶布、电工胶布，是指电工使用的用于防止漏电，起绝缘作用的胶带。绝缘胶带由基带和压敏胶层组成。基带一般采用棉布、合成纤维织物和塑料薄膜等，胶层由橡胶加增黏树脂等配合剂制成，黏性好，绝缘性能优良。绝缘胶带具有良好的绝缘耐压、阻燃、耐候等特性，适用于电线接驳、电气绝缘、隔热防护等。常用的绝缘胶带如图 2-14 所示。

图 2-14　常用的绝缘胶带

### 2.1.3 电路板焊接材料

**1. 焊锡丝**

焊锡丝又称为焊锡,如图 2-15 所示,是由锡合金和助焊剂两部分组成,常用的管状焊锡丝,是将锡合金制成管状,内部中间部位灌注助焊剂,助焊剂一般是优质松香添加一定活化剂。

图 2-15 焊锡丝

焊锡丝种类不同助焊剂也就不同,助焊剂部分具有提高焊锡丝在焊接过程中的辅热传导,去除氧化,降低被焊接材质表面张力,去除被焊接材质表面油污,增大焊接面积的作用。

锡合金按金属合金材料不同可分为有铅焊锡和无铅焊锡。有铅焊锡根据含铅比例和含锡比例的不同则有不同的熔点,当铅(Pb)含量为 37%、锡(Sn)含量为 63%组成的铅锡合金时,称为共晶焊锡,是锡铅焊料中性能最好的一种,其熔点与凝固点温度一致,都为 183 ℃,可使焊点快速凝固,不会因半熔状态时间间隔长而造成焊点结晶疏松、强度降低。无铅焊锡又称为环保焊锡,其主要成分是锡(Sn)、银(Ag)、铜(Cu),常用的有纯锡焊锡丝,锡铜合金焊锡丝等。

焊锡丝的特质是具有一定的长度与直径的锡合金丝,在电子元器件的手工焊接中经常与电烙铁配合使用。焊锡丝常用直径有 0.5 mm、0.8 mm、0.9 mm、1.0 mm、1.2 mm、1.5 mm、2.0 mm、2.3 mm、2.5 mm、3.0 mm、4.0 mm、5.0 mm 等。

**2. 焊锡膏**

焊锡膏又称锡膏,是伴随着表面贴装技术(Surface Mount Technology,SMT)应运而生的一种焊接材料,是由焊锡粉、助焊剂以及其他的添加物混合而成的膏体,常见的是灰色膏体。

焊锡粉主要由锡铅、锡铋、锡银铜合金组成,焊锡粉的颗粒形态对焊锡膏的工作性能有较大的影响,比如锡粉颗粒大小分布均匀和颗粒形状较为规则则质量较好。

助焊剂以及其他的添加物主要包含活化剂、触变剂、树脂以及溶剂。活化剂主要起到去除 PCB 铜膜焊盘表层及零件焊接部位的氧化物质的作用,同时具有降低锡、铅表面张力的功效;触变剂主要是调节焊锡膏的黏度以及印刷性能,起到在印刷中防止出现拖尾、粘连等现象的作用;树脂主要起到加大锡膏黏附性,对零件固定起到很重要的作用,而且有保护和防止焊后 PCB 再度氧化的作用;溶剂在锡膏的搅拌过程中起调节均匀的作用,对焊锡膏的寿命有一定的影响。

各种焊锡膏中焊锡粉与助焊剂的比例也不尽相同,选择锡膏时,应根据所生产产品、生产工艺、焊接元器件的精密程度以及对焊接效果的要求等方面,去选择不同的锡膏。常用的有低温、中温、高温焊锡膏。

低温焊锡膏一般指锡(Sn)含量为 42%、铋(Bi)含量为 58%组成的环保无铅锡膏,其熔点为 138 ℃。

## 第2章 材料、工具与仪器的认识与使用

中温焊锡膏一般指锡(Sn)含量为63%、铅(Pb)含量为37%组成的有铅锡膏,其熔点为183 ℃。

高温焊锡膏一般指锡(Sn)含量为95%以上,混合少量银(Ag)和铜(Cu)组成的环保无铅锡膏,其熔点为217~227 ℃。

焊锡膏在常温下有一定的黏性,使用的时候,可将电子元器件初粘在既定位置,在焊接温度下,随着溶剂和部分添加剂的挥发,将被焊元器件与印制电路焊盘焊接在一起形成永久连接。常用焊锡膏如图2-16所示。

**3. 焊锡球**

焊锡球又称为焊锡珠,是由焊锡制成的小球,如图2-17所示。焊锡球主要用于BGA封装的集成电路等芯片的生产焊接等,在维修智能手机、笔记本电脑、电脑主板等过程中,更换CPU等BGA芯片时经常使用。

图2-16 焊锡膏

图2-17 焊锡球

**4. 焊锡条**

焊锡条是用来锡焊的焊条,一般不含助焊剂,如图2-18所示,主要适用于浸焊和波峰焊。

**5. 助焊剂**

助焊剂又称为焊剂、助焊膏。金属表面同空气接触后都会生成一层氧化膜,这层氧化膜阻止液态焊锡对金属的润湿作用,犹如玻璃沾上油就会使水不能润湿一样。助焊剂就是用于清除焊接位置金属氧化膜的一种专用材料。

图2-18 焊锡条

(1) 助焊剂的作用

① 去除氧化膜:助焊剂与氧化物反应后的生成物变成悬浮的渣,漂浮在焊料表面。

② 防止氧化:液态的焊锡及加热的焊件金属都容易与空气中的氧接触而氧化,焊剂熔化后漂浮在焊料表面,形成隔离层,防止焊接面的氧化。

③ 减小表面张力,增加焊锡的流动性,有助于焊锡浸润。

(2) 助焊剂的分类及选用

助焊剂按材料成分可分为无机系列助焊剂、有机系列助焊剂和树脂系列助焊剂。

无机系列助焊剂的化学作用强,助焊性能非常好,但腐蚀作用大,属于酸性焊剂,因为它溶解于水,故又称为水溶性助焊剂。

有机系列助焊剂的助焊作用介于无机系列助焊剂和树脂系列助焊剂之间,它也属于酸性、水溶性助焊剂。

树脂系列助焊剂主要有松香,其活性弱,但腐蚀性也弱,清洗也比较容易,在要求不高的产品中可以不清洗,适合电子装配锡焊。焊接时,尤其是手工焊接直插封装元器件时多采用松香焊锡丝。有时也用松香溶入酒精制成的松香水,涂在敷铜板上作防氧化和助焊的作用。表面贴装元器件的焊接常用免洗无酸助焊膏。常用助焊剂如图 2-19 所示。

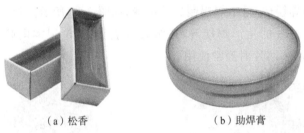

(a)松香　　　　　　(b)助焊膏

图 2-19　常用助焊剂

## 2.2　常用工具

### 2.2.1　电工工具

**1. 试电笔**

试电笔也称验电笔,俗称电笔,它是用来检测导线、电器和电气设备的金属外壳是否带电的一种电工工具。家用低压电笔其测量范围为 500 V 以内。

(1)电笔的分类与结构

电笔按照接触方式可分为接触式试电笔和感应式试电笔。感应式试电笔是采用感应式测试,无须物理接触,可检查控制线、导体和插座上的电压或沿导线检查断路位置。可以极大限度地保障检测人员的人身安全。

接触式试电笔是通过直接接触带电体,获得电信号的检测工具。通常形状有一字螺丝刀式,兼试电笔和一字螺丝刀使用,常称为普通螺丝刀式电笔,简称为普通电笔,其结构如图 2-20 所示;还有一种试电笔不具备螺丝刀功能的,常称为钢笔式电笔。

(2)电笔的工作原理

通过电笔的笔尖金属体将电信号

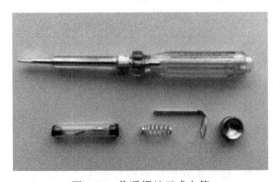

图 2-20　普通螺丝刀式电笔

接入,然后经过高值电阻降压,再通过氖管是否发光来指示是否有电。在检测过程中,当带电体与大地之间的电位差超过一定数值时,我们的手指与笔尾金属体相连,让电流通过我们的身体传导到地面,形成有电流流动的通路,此时氖管就会发光。

根据欧姆定律,在同一电路中,通过某段导体的电流 $I$ 跟这段导体两端的电压 $U$ 成正比,跟这段导体的电阻 $R$ 成反比。

$$I = \frac{U}{R}$$

检测的时候,假设电阻 $R$ 是恒定的,当检测端的电压 $U$ 越大,则流过电笔的电流 $I$ 就越大,氖管的亮度就越亮。

(3) 电笔的使用方法

使用电笔的时候,拇指和中指、无名指握紧电笔,使电笔保持稳定,食指顶住电笔笔尾金属体,然后将笔尖金属体直接接触检测端,若电笔中的氖管发光,则说明检测端带电。试电笔使用示范如图 2-21 所示。在使用电笔时要注意安全,手指不要接触前端金属探头,不要随意操作或测量不熟悉的电路或电器等。

图 2-21　试电笔使用示范

(4) 电笔使用注意事项

① 使用试电笔之前应先检查试电笔内有没有安全电阻,然后检查试电笔是否损坏,是否受潮或进水现象。检查合格后方可使用。

② 在使用试电笔测量电气设备是否带电之前,先要将试电笔在有电源的部位检查一下氖管能否正常发光,如能正常发光,方可使用。

③ 在明亮的光线下使用试电笔测量带电体时,应注意避光,以免因光线太强而不易观察氖管是否发光,造成误判。

④ 螺丝刀式试电笔前端金属体较长,应加装绝缘套管,避免测试时候造成短路或触电事故。

⑤ 使用完毕后,要保持试电笔清洁,并放置在干燥处,严防碰摔。

**2. 螺钉旋具**

螺钉旋具又称螺丝刀,或者"改锥""改刀""起子""螺丝批"等,是一种用来拧转螺丝以使其就位的常用工具。使用时将螺丝刀的薄楔形头对准螺丝的顶部凹坑,固定,然后开始旋转手柄。根据规格标准,顺时针方向旋转为嵌紧;逆时针方向旋转则为松出。(极少数情况下相反。)从其结构形状来说,可分为 3 个大类:直形、L 形、T 形。

其中直形螺丝刀是最常见的一种，头部型号有一字（如图 2-22(a)所示）、十字（如图 2-22(b)所示）、米字、T 型（梅花型）、H 型（六角）等。一字螺丝刀可以应用于十字螺丝，但十字螺丝刀拥有较强的抗变形能力。使用时，若螺丝与嵌入处之间太紧，可反手拿螺丝刀，如图 2-23(a)所示；若比较松动，可用食指轻压螺丝刀手柄，其余四肢旋转螺丝刀手柄，如图 2-23(b)所示。无论何种手势，均要保证螺丝刀与嵌入平面垂直，否则质量较差的螺丝容易损坏甚至滑牙。一字螺丝刀除了拧螺丝外，还可以利用杠杆原理撬起钉子、面板一类的物品。

（a）一字螺丝刀　　　　　　　　（b）十字螺丝刀

图 2-22　常见的螺丝刀

（a）较紧时拧螺丝示范　　　　（b）较松动时拧螺丝示范

图 2-23　螺丝刀的使用

**3. 钳子**

钳子是一种用于夹持、固定加工工件或者扭转、弯曲、剪断金属丝线的手工工具。钳子的外形呈 V 形，通常包括手柄、钳腮和钳嘴 3 个部分。根据用途细分，钳子的种类有很多，常用的有钢丝钳、尖嘴钳、斜口钳、剥线钳等。

（1）钢丝钳

钢丝钳又称老虎钳，是一种工具，它可以把坚硬的细钢丝夹断，有不同的种类，在工艺、工业、生活中都很常用到。钢丝钳可用于夹持或弯折薄片形物体，其旁刃口也可用于切断细金属丝。钢丝钳使用注意事项：使用钳子要量力而行，不可以超负荷的使用。切记不可在切不断的情况下扭动钳子，容易崩牙与损坏，无论钢丝还是铁丝或者铜线，只要钳子能留下咬痕，然后用钳子前口的齿夹紧钢丝，轻轻地上抬或者下压钢丝，就可以掰断钢丝，不但省力，而且对钳子没有损坏，可以有效地延长使用寿命。常用钢丝钳如图 2-24(a)所示，钢丝钳使用示范如图 2-24(b)所示。

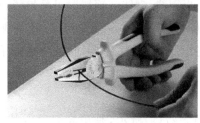

（a）钢丝钳　　　　　　　（b）钢丝钳使用示范

图 2-24　钢丝钳及其使用

（2）尖嘴钳

尖嘴钳又称"修口钳""尖头钳""尖咀钳"等，是一种常用的钳形工具，钳柄上套有额定电压 500 V 的绝缘套管，尖嘴钳如图 2-25（a）所示。尖嘴钳可用来给导线、元器件引脚成型，如图 2-25（b）所示；也可剥除导线的塑料绝缘层等，能在较狭小的工作空间操作；带刃口的尖嘴钳还能剪切细小零件及线径较细的单股与多股线等。

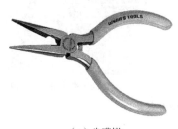
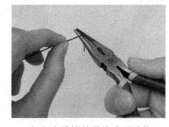

（a）尖嘴钳　　　　　　　（b）尖嘴钳给导线成型示范

图 2-25　尖嘴钳及其使用

（3）斜口钳

斜口钳又称"斜嘴钳"，如图 2-26（a）所示，是用于剪切导线、元器件多余的引脚的工具，也可用来代替一般剪刀剪切绝缘套管，代替剥线钳剥除导线头部的表面绝缘层等。

图 2-26（b）为斜口钳在电路板上剪引脚示范。在焊接新元器件之后，可以用这种方法把多余引脚剪下来，避免引脚过长导致不必要的短路。在用其他方法较难拆除电子元器件时，也可使用此手法先把元器件剪下来，再去除焊孔中残余的引脚和焊锡。使用斜口钳要量力而行，不可以用来剪切钢丝、钢丝绳和过粗的铜导线和铁丝，否则容易导致钳子崩牙和损坏。

（a）斜口钳　　　　　　　（b）斜口钳在电路板上剪引脚示范

图 2-26　斜口钳及其使用

斜口钳还可以剪线、剥线。剪线时可将导线直接用力剪断。剥线时可用斜口钳轻轻地、一下一下地压导线绝缘层,左手同时旋转导线,操作几圈之后,再用斜口钳或尖嘴钳或直接用手把绝缘层往外剥除。切记整个过程手法一定要轻柔,不可伤及导线的导体部分。

(4)剥线钳

剥线钳如图2-27(a)所示,是用来剥除导线头部的表面绝缘层的工具。剥线钳可以使得导线被切断的绝缘皮与导线分开,还可以防止触电。用剥线钳剥除绝缘层示范如图2-27(b)所示,与斜口钳剥除绝缘层的方法大致相同,不同之处在于剥线钳使用时需根据导线的粗细型号,选择相应的剥线刀口,只要刀口直径比导线的导体线径大,剥线钳就不会伤害导体部分。

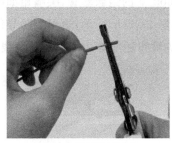

(a)剥线钳　　　　　　　　　　(b)剥线钳使用示范

图2-27　剥线钳及其使用

### 4. 锤子

锤子又称为榔头,是指敲打东西的工具,由锤头和锤柄组成。锤头的形状可以像羊角,常称为羊角锤,如图2-28(a)所示,其功能除了敲打还可以拔出钉子;也有的锤头是圆头形的,如图2-28(b)所示,常称为圆头锤,可以锤打较大的工件。

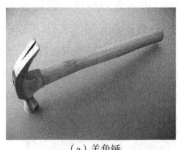

(a)羊角锤　　　　　　　　　　(b)圆头锤

图2-28　锤子

### 5. 镊子

镊子在焊接技术中可用来夹持细导线及体积较小的元器件。按材料分,镊子可分为不锈钢镊子、防静电塑料镊子、竹镊子、医用镊子等。因防静电性能较高,防静电镊子适合精密电子元件生产、半导体及计算机磁头等行业,竹镊子适合晶片、石英、芯片等电子制造行业。按镊子头部形状分,镊子可分为尖头、圆头、弯头等,如图 2-29(a)所示。用尖头镊子夹持贴片式元件示范如图 2-29(b)所示。

（a）不锈钢防静电镊子　　　　（b）镊子夹持贴片式元件示范

图 2-29　镊子及其使用

**6. 裁纸刀**

裁纸刀如图 2-30(a)所示,是一种用于裁切各种纸张的工具。在电子工艺中,裁纸刀可用作刮除漆包线的绝缘漆、刮除旧导线、旧元器件引脚的氧化层。刮除前估计好需刮除的长度,然后将导线按在桌上,裁纸刀的刀面稍微向导线末端倾斜,裁纸刀一下一下地往外刮,刮干净一面之后左手旋转导线刮除另一面,直至绝缘漆或氧化层完全清除干净,如图 2-30(b)所示。

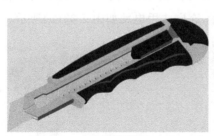 

（a）裁纸刀　　　　（b）裁纸刀刮除氧化层示范

图 2-30　裁纸刀及其使用

**7. 钢直尺**

钢尺是最常用的丈量工具,是用薄钢片制成的带状尺,钢尺包括钢直尺和钢卷尺,图 2-31 为钢直尺,在电子工艺中可用作丈量电路板厚度、焊孔间距、引脚长度等。

**8. 隔热垫**

在普通桌面上进行电路板焊接,长期下来桌面上有可能会被烫伤或积累焊锡碎屑、废弃引脚、松香粒等垃圾。因此可选用合适的隔热垫等垫板垫在桌面上,在隔热垫上进行焊接操作,既可保护桌面,又方便清理垃圾,但要注意选择绝缘的、阻燃等级高的材料作为隔热垫。维修隔热垫如图 2-32 所示。

图 2-31　钢直尺

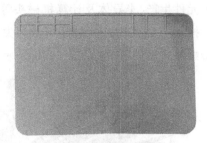
图 2-32　维修隔热垫

## 2.2.2　手持式电动工具

电动工具是指通过传动机构来驱动作业工作头的工具,在不同行业都有广泛应用。常用的电工电子类手持式电动工具主要有手电钻、电动螺丝刀和冲击钻等。

**1. 手电钻**

手电钻是一种携带方便的小型钻孔用工具,由小电动机、控制开关、钻夹头和钻头几部分组成。手电钻工作原理是小电动机的转子运转,通过传动机构驱动作业装置,带动齿轮加大钻头的动力,从而使钻头刮削物体表面,更好地洞穿物体。

手电钻是凭靠电动机带动传动齿轮加大钻头转动的力气,使钻头在金属、木材、塑料等物质上做刮削形式洞穿。手电钻按供电方式的不同可分为有线手电钻和充电式手电钻。常用的有线手电钻如图 2-33(a)所示,充电式手电钻如图 2-33(b)所示。

(a) 有线手电钻　　　　　　　(b) 充电式手电钻

图 2-33　常用的手电钻

**2. 电动螺丝刀**

电动螺丝刀又称为电批、电动起子,是用于拧紧和旋松螺钉用的电动工具。该电动工具装有调节和限制扭矩的机构,主要用于装配线,是大部分生产企业必备的工具之一。电动螺丝刀按供电方式的不同也可分为有线电动螺丝刀和充电式电动螺丝刀。常用的有线电动螺丝刀如图 2-34(a)所示,充电式电动螺丝刀如图 2-34(b)所示,其也可以切换选择手电钻功能。

电动螺丝刀是把电动机动力通过齿轮传动机构或牙嵌离合器传动机构,驱动工作头进行作业的手持式机械化工具,可理解为会自动转动的螺丝刀。工作头可根据螺丝大小及形状更换对应的规格,常用规格有 M1、M2、M3、M4、M6 十字或一字等。

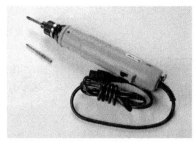 

（a）有线电动螺丝刀　　　　（b）充电式电动螺丝刀

图 2-34　常用的电动螺丝刀

**3. 冲击电钻**

冲击电钻又称为冲击钻,是指以旋转切削为主,兼有依靠操作者推力生产冲击力的冲击机构,用于砖、砌块及轻质墙等材料上钻孔的电动工具。冲击钻是利用内轴上的齿轮相互跳动来实现冲击效果,工作时在钻头夹头处有调节旋钮,可调手电钻和冲击钻两种或多种工作方式。常用的冲击钻如图 2-35 所示。

图 2-35　常用的冲击钻

### 2.2.3　电路板手工焊接工具

合适、高效的工具是焊接质量的保证,了解这方面的基本知识,对掌握手工锡焊技术是必需的。常用的电路板手工焊接工具有电烙铁、热风枪、吸锡器等。

**1. 电烙铁**

电烙铁是手工施焊的主要工具。选择合适的电烙铁,合理地使用它,是保证手工焊接质量的基础。

由于用途、结构的不同,有各式各样的电烙铁,按功能可分为普通电烙铁、恒温电烙铁、吸锡电烙铁、自动送锡电烙铁等;按机械结构的不同可分为外热式电烙铁和内热式电烙铁;按发热能力不同,电烙铁功率从几十瓦到几百瓦不等。

（1）普通直热式电烙铁

普通直热式电烙铁是手工焊接时常用的,可分为内热式和外热式两种,其区别在于烙铁发热芯在烙铁头之外还是在烙铁头之内,也可理解为发热芯包围着烙铁头的是外热式电烙铁;而烙铁头包围着发热芯的则是内热式电烙铁。典型电烙铁结构示意图如图 2-36 所示。

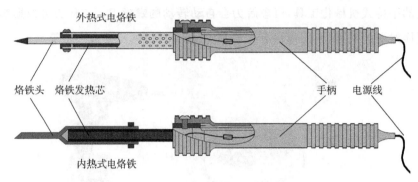

图 2-36 典型电烙铁结构示意图

电烙铁主要由以下几部分组成：

① 烙铁发热芯。烙铁发热芯是将镍铬电阻丝缠在云母、陶瓷等耐热、绝缘材料上构成的。一般情况下，内热式能量转换效率高于外热式。因而，同样功率的电烙铁内热式体积、重量都小于外热式。

② 烙铁头。作为热量存储和传递的烙铁头，一般用紫铜等合金制成。在使用中，因高温氧化和焊剂腐蚀会变成凹凸不平，需经常清理和修整。

③ 手柄。一般用塑料或胶木制成，某些质量不好的手柄可能会温升过高导致影响操作。

(2) 恒温电烙铁

恒温电烙铁是一种能自动调节温度，使焊接温度保持恒定的内热式电烙铁，适用于焊接质量要求较高的场合。常见的有可调恒温焊台和可调恒温电烙铁两种。

可调恒温焊台由控制台、电烙铁手柄、烙铁架组成，如图 2-37 所示，其安全性和焊接性能均优于普通电烙铁，适用于焊接工艺要求较高的场合。控制台的控制原理：交流市电经过变压器隔离降压至 24 V，然后整流滤波供电，运算放大器调理电烙铁手柄中热电偶传过来的测温信号，继而控制电烙铁手柄的发热体的通电与断开，以此达到恒温的目的。当烙铁头温度升高达到设定值，发热体断电停止发热，加热指示灯灭；当温度下降时发热体重新上电加热，加热指示灯又重新亮起。

使用时应按以下步骤：①关闭开关键，将温度调节旋钮调到最低温度；②插好电源线，按下开关键开机；③正常开机后，再将调温旋钮调到需要的温度；④按正确步骤进行焊接；⑤若长时间不使用应关闭开关键。

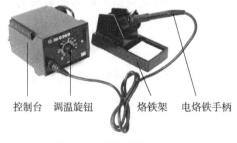

图 2-37 可调恒温电焊台

可调恒温电烙铁如图 2-38 所示。在电烙铁手柄内,交流市电直接降压、滤波、稳压供电,运算放大器调理热电偶传过来的测温信号,继而控制发热体的通电与断开,以此达到恒温的目的。使用时可通过调温旋钮来调整烙铁头的温度,当烙铁头的温度高于设定温度时,烙铁自动停止加热,加热指示灯灭;当烙铁头的温度低于设定温度时,烙铁自动加热,加热指示灯又重新亮起。

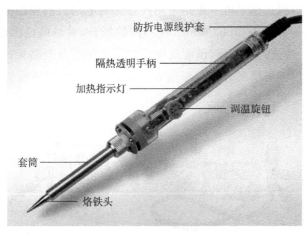

图 2-38 可调恒温电烙铁

(3) 电烙铁的选用

根据不同的施焊对象选择不同的电烙铁。主要从电烙铁的种类、功率及烙铁头的形状 3 个方面考虑,在有特殊要求时,选择具有特殊功能的电烙铁。

① 电烙铁种类的选择

电烙铁的种类繁多,应根据实际情况灵活选用。一般的电子电路、电路板焊接应首选内热式电烙铁或恒温电烙铁。对于大型元器件及直径较粗的导线应考虑选用功率较大的外热式电烙铁。在工作时间长,被焊元器件又少时,则应考虑选用恒温电烙铁。

② 电烙铁功率的选择

普通印制电路板的焊接应选用 20～35 W 内热式电烙铁或 30 W 外热式电烙铁,或者可调恒温电烙铁,这是因为小功率的电烙铁具有体积小、质量小、发热快、便于操作、耗电少等优点。对一些采用较大元器件的电路如扩音器、机壳底板的焊接则应根据实际需要选用功率大一些的电烙铁。电烙铁功率的大小直接影响烙铁头温度的高低。所以电烙铁的功率选择一定要合适,过大易烫坏元器件及电路板,过小则易出现假焊或虚焊,直接影响焊接质量。

③ 烙铁头的选择

烙铁头一般用紫铜或合金制成,烙铁头一般都经过电镀,这种有镀层的电烙铁头,如果不是特殊需要,一般不要修锉或打磨,因为电镀层的目的就是保护烙铁头不易被腐蚀。但在实际使用中,随着使用时间的增加,烙铁头镀层会脱落或磨损而导致烙铁头氧化,此时则需要修整及重新镀锡。

## 2. 热风枪

热风枪主要是利用发热电阻丝的枪芯吹出的热风来对贴片式元器件进行焊接与拆焊的工具,是手机维修中常用的工具之一,常用的热风枪如图 2-39 所示。根据产生风的气流类型的不同可分为气泵式热风枪和风机式热风枪,气泵式热风枪是利用膜片气泵作为风源,把电发热丝加热后的空气流吹出,从而熔化焊锡完成焊接,常用气泵式热风枪如图 2-39(a)所示;而风机式热风枪一般是采用内置无刷电动机的微型鼓风机作为风源,常用无刷风机式热风枪如图 2-39(b)所示。在不同的场合,对热风枪的温度和风量等有特殊要求:温度过低会造成元件虚焊,温度过高会损坏元器件及电路板,风量过大会吹跑小元件。因此使用时应该调整到合适的温度和风量,根据不同的喷嘴的形状、工作要求特点调整热风枪的温度和风量。

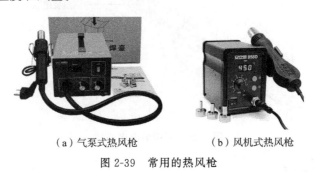

(a)气泵式热风枪　　　(b)风机式热风枪

图 2-39　常用的热风枪

## 3. 吸锡器

吸锡器是用作收集拆焊时融化的焊锡的工具,有手动、电动两种。维修拆卸元器件时需要使用吸锡器,尤其是大规模集成电路较为难拆,拆不好容易破坏印制电路板,造成不必要的损失。简单的吸锡器是手动式的,且大部分是塑料制品,他的头部由于常常接触高温,因此通常都采用耐高温塑料制成,如图 2-40 所示。

图 2-40　常用吸锡器

## 2.3　常用电子仪器设备

### 2.3.1　万用表

万用表又称为万能表、多用表等,是一种多功能、多量程的测量仪表,一般万用表可测量交流电压和电流、直流电压和电流、二极管、电阻和三极管放大倍数等,有的还可以测量温度、电容量、频率等。

**1. 万用表的分类**

万用表按显示方式不同可分为指针万用表和数字万用表。两种表里面的工作原理大致相同,不同的是呈现测量结果给用户的方式不同。指针万用表是以指针摆动的位置表示数据的大小,更侧重于测量的过程,一般是手持式指针万用表,如图2-41(a)所示;而数字万用表则以数字表示数据的大小,更侧重于测量的结果,可分为手持式数字万用表和台式数字万用表。手持式数字万用表如图2-41(b)所示,台式数字万用表如图2-41(c)所示。万用表种类很多,使用时应根据不同的要求进行选择。本节以手持式数字万用表VC890C+为例进行说明。

(a)手持式指针万用表

(b)手持式数字万用表

(c)台式数字万用表

图2-41 常用的万用表

**2. 万用表的测量项目**

万用表的量程选择开关是一个多挡位的旋转开关,可以用来选择测量项目和量程,如图2-42所示。一般的万用表测量项目通过符号和字符来表达。

交流电压挡:一般标注为$\underset{\sim}{V}$、V∼或者ACV,主要用于测量交流电压的大小。

交流电流挡:一般标注为$\underset{\sim}{A}$、A∼或者ACA,主要用于测量交流电流的大小。

直流电压挡:一般标注为$\underline{V}$、V⎓或者DCV,主要用于测量直流电压的大小。

直流电流挡:一般标注为$\underline{A}$、A⎓或者DCA,主要用于测量直流电流的大小。

图2-42 万用表的量程选择开关

欧姆挡或电阻挡:一般标注为Ω,主要用于测量电阻的阻值大小。

二极管挡:一般标注为 ▷⊢ ,主要用于测量二极管、三极管以及发光二极管等。

蜂鸣挡：一般标注为·))，主要用于测量导线、开关是否导通。测量时若万用表内的蜂鸣器发出蜂鸣声，则说明电路是导通的；反之，则表明电路不导通或接触不良。

每个测量项目又划分为几个不同的量程挡位以供选择。大的量程挡位包含了小的量程挡位，但小的量程精确度更高，所以要根据测量对象的大小选择最合适的量程。如果无法估计被测电压或电流或电阻的大小，则应先拨至最高量程挡测量一次，再根据情况逐渐把量程减小到合适位置。测量时要注意显示的测量值的单位与所选择的挡位量程上所标明的单位相对应。

万用表使用过程中，不能选错挡位。如果误用电阻挡或电流挡去测量电压，就极易烧坏数字万用表。如果误用交流电压挡去测量直流电压，或者误用直流电压挡去测量交流电压时，显示屏可能会显示异常或低位数字出现跳动。

**3. 表笔和表笔插孔**

万用表的表笔分为红表笔和黑表笔。黑表笔表示负极，插入标有"COM"的黑色插孔；红表笔表示正极，当测量交、直流电压以及测量电阻时，应将红表笔插入标有"V/Ω"符号的红色插孔；当测量交、直流电流小于 200 mA 时，应将红表笔插入标有"mA"符号的红色插孔，此时测量结果以 mA 为单位，而电流大于 200 mA 时，则应将红表笔插入标有"20 A"符号的红色插孔，此时测量结果以 A 为单位。表笔插孔示意图如图 2-43 所示。

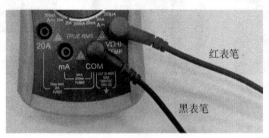

图 2-43 表笔插孔示意图

**4. 万用表使用注意事项**

（1）万用表在使用过程中不要靠近强磁场，以免测量结果不准确。

（2）在使用万用表过程中，不能用手去接触表笔的金属部分，这样一方面可以保证测量的准确，另一方面也可以保证人身安全。

（3）在测量某一电量时，不能在测量的同时换挡，尤其是在测量高电压或大电流时，更应注意。否则，会使万用表毁坏。如需换挡，应先断开表笔，换挡后再去测量。

（4）万用表使用完毕，应将转换开关置于关闭挡（OFF）或者交流电压的最大挡。如果长期不使用，还应将万用表内部的电池取出来，以免电池腐蚀表内其他器件。

（5）万用表表笔较尖，不能刺到手，避免刺伤！

### 2.3.2 示波器

示波器是一种用途十分广泛的电子测量仪器，它能把肉眼看不见的电信号变换成看得见的图像，便于人们研究各种电现象的变化过程。

**1. 示波器的分类**

示波器按功能和用途不同分为模拟示波器和数字示波器。

模拟示波器采用的是模拟电路控制示波管里面的电子枪向屏幕发射电子,发射的电子经聚焦形成电子束,并打到屏面上,就可产生细小的光点,在被测信号的作用下,电子束可以在屏面上描绘出被测信号的瞬时值的变化曲线。

而数字示波器是通过模拟转换器(ADC)把被测信号转换为数字信息,从而捕获波形的一系列样值,并对样值进行存储,存储限度是判断累计的样值是否能描绘出波形为止,随后数字示波器重构波形并通过彩色显示屏实时显示被测信号的变化曲线。

利用示波器可以观察各种不同信号幅度随时间变化的波形曲线,还可以测试各种不同的电量,如电压、电流、频率、相位差、调幅度等。目前主流应用是数字示波器,本节以数字示波器 GDS-1102B 为例进行说明。

**2. 示波器的面板**

数字示波器 GDS-1102B 的前面板如图 2-44 所示。

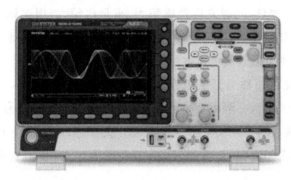

图 2-44　数字示波器 GDS-1102B 的前面板

**3. 测量简单信号的操作思路**

观测电路中一个未知信号,迅速显示该信号并测量该信号的频率和幅度,具体操作思路及步骤如下。

(1) 显示该信号

① 根据被测信号幅度大小确定衰减系数。当信号幅度较大时,将探头菜单衰减系数设定为 10 X,并将示波器探头上的开关设定为 10 X;当信号幅度合适时,设定为 1 X 即可。

② 将通道 1(CH1)的探头连接到电路被测点,注意接地点的选择,保证示波器和被测电路共地。

③ 按下示波器前面板的自动设置键(AutoSet)。示波器将自动设置使波形显示达到最佳。在此基础上,可根据需要进一步调节垂直灵敏度、水平扫描时间等挡位,直至波形的显示符合要求。

(2) 进行自动测量参数

数字示波器可对大多数显示信号进行自动测量。以测量通道 1(CH1)信号的周期、频率、幅度等参数为例,操作思路大致如下。

① 按测量键,屏幕显示自动测量菜单。此时常用测量参数会自动显示出测量数值。
② 激活信源菜单项选择通道 1(CH1)。
③ 可根据需要增减测量项目等,直至测量参数符合要求。

### 2.3.3 直流稳压电源

直流稳压电源是指能为负载提供稳定直流电源的电子装置。直流稳压电源的供电电源一般是交流电源,当交流供电电源的电压或负载电阻变化时,稳压电源的直流输出电压都会保持稳定。

**1. 直流稳压电源分类**

直流稳压电源主要分为线性稳压电源和开关型稳压电源。

线性稳压电源是采用低频变压器变压,采用功率元器件调整管工作在线性区,靠调整管之间的电压降来维持稳定输出的一类电源。由于调整管工作时损耗大,因此需要安装较大的散热器进行散热,同时变压器体积大、重量也较大,因此该类电源整体体积较大,但线性稳压电源稳定性高,纹波小,可靠性高,输出连续可调,实验室直流稳压电源一般是线性稳压电源,本节以直流稳压电源 MPS-3003H-3 进行说明。

开关型稳压电源可简称为开关电源,一般指输入为交流电压、输出为直流电压的 AC/DC 变换器。开关电源一般由全波整流器,功率开关管,激励信号,续流二极管,储能电感和滤波电容组成。功率开关管工作在高频开关状态,本身消耗的能量较低,因此电源效率较高,同时,还有体积小,重量轻,稳定可靠等优点,在消费类电子产品里普遍应用。

**2. 直流稳压电源的面板**

直流稳压电源 MPS-3003H-3 的前面板如图 2-45 所示。

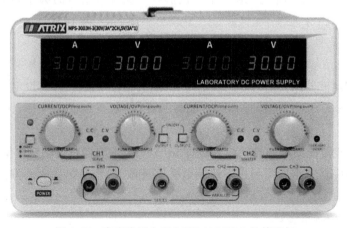

图 2-45 直流稳压电源 MPS-3003H-3 的前面板

**3. 输出一组电压的操作思路**

以通道 1(CH1)为例,输出指定的稳定电压值。

(1) 设置输出电压。按下旋钮,再转动旋钮进行调整大小,直到调整到需要设置的输出电压。不同厂家不同型号的电源操作方法不完全一样,但大同小异,具体可参照相应说明书。

(2) 设置输出电流。输出电流指电源允许输出的最大电流。当实际电流小于设置的输出电流时,电源工作于恒压状态;当实际电流大于或等于设置的输出电流时,电源工作于恒流状态。

(3) 按下输出按键 OUTPUT,打开相应通道的输出。此时电源通过输出端子输出,一般红插孔为正极,黑插孔为负极。

### 2.3.4 函数信号发生器

**1. 函数信号发生器简介**

函数信号发生器是一种信号发生装置,能产生某些特定的周期性时间函数波形信号,如正弦波、方波、三角波、锯齿波和脉冲波等,频率范围可从几个微赫兹变化到几十兆赫兹。本节以固纬函数信号发生器 AFG-2225 进行说明。

**2. 函数信号发生器的面板**

函数信号发生器 AFG-2225 的前面板如图 2-46 所示。

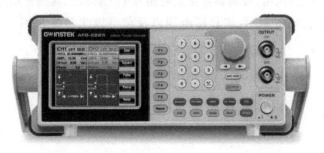

图 2-46　函数信号发生器 AFG-2225 的前面板

**3. 输出一个正弦波的操作思路**

(1) 设置波形。比如需要正弦波,则设置波形为正弦波。

(2) 设置幅度。一般是先按数字,然后按单位即可。注意区分峰峰值和有效值,还有单位是伏(V)或者毫伏(mV)。

(3) 设置频率,或者设置周期,频率和周期互为倒数,一般是设置频率,也是先按数字,然后按单位即可。

(4) 按下输出按键 OUTPUT,打开相应通道的输出。此时信号通过输出端子输出。

## 本 章 小 结

本章主要介绍电工电子领域常用的材料、工具与仪器设备。首先,对五金紧固材料、电工材料以及电路板焊接材料进行了介绍;其次,对电工工具、手持式电动工具和电路板手工焊接工具进行说明和示范;最后,对万用表、示波器、直流稳压电源以及信号发生器提供了操作思路参考。

## 思考与实践

1. 熟悉自攻螺丝、螺栓、螺母、垫圈、钉子等常用五金紧固材料的作用及用途。
2. 熟悉开关、插座、插头、电线、绝缘胶带等常用电工材料的使用场景。
3. 熟悉焊锡丝、焊锡膏、焊锡球、焊锡条、助焊剂等常用电路板焊接材料的用途。
4. 掌握试电笔、螺钉旋具、钳子、锤子、镊子、裁纸刀、钢直尺、隔热垫等常用电工工具的使用方法。
5. 掌握手电钻、电动螺丝刀、冲击电钻等常用手持式电动工具的使用方法。
6. 掌握电烙铁、热风枪、吸锡器等常用电路板手工焊接工具的使用方法。
7. 掌握万用表、示波器、直流稳压电源以及信号发生器等常用仪器的使用方法和思路。

# 第3章 电子元器件的认识与检测

## 3.1 电子元器件的概念

电子元器件是电路中具有独立电气性能的基本单元,是组成电子产品的基础。在电路原理图中,元器件是一个抽象概括的图形文字符号,而在电路板上却是一个具有不同几何形状、物理性能、安装要求的具体实物。本章从应用的角度认识电子元器件及其检测方法。

电子元器件包括元件和器件。元件是指在工厂加工时未改变原材料分子成分的产品,是电子产品中的基本零件;而器件则是指工厂在生产加工时改变了原材料分子结构的产品,常由几个元件组成,有时也指较大的元件。一般所说的电子元器件,是一种统称,指的是具有独立电路功能、是构成电路的基本单元。

电子元器件包括通用的电路元件(电阻、电容、电感、变压器等)、半导体分立元器件(晶体二极管、三极管、场效应管、晶闸管等)、集成电路(各种芯片等)、机电元器件(按钮、连接器、开关等),还包括各种显示元器件(LED 数码管、LED 点阵显示屏、显示模组等)以及电声元器件(扬声器、蜂鸣器、传声器等)。

**1. 电子元器件分类**

电子元器件有多种分类方式,应用于不同的领域和范围。下面介绍其中几种分类方法。

(1) 按电路功能划分——分立与集成

分立元器件:具有一定电压电流关系的独立器件,包括基本的电路元件、半导体分立元器件、机电元器件等。

集成元器件:通常称为集成电路是指一个完整的功能电路或系统采用集成制造技术制作在一个封装内,组成具有特定电路功能和技术参数指标的元器件。

(2) 按组装方式划分——通孔插装与表面贴装

通孔插装:组装到印制板上时需要在印制板上打通孔,引脚在电路板另一面实现焊接连接的元器件,通常有较长的引脚和体积。

表面贴装:组装到印制板上时无须在印制板上打通孔,引线直接贴装在印制板铜箔上的元器件,通常是短引脚或无引脚贴片式结构。

(3) 按使用环境分类——元器件可靠性

民用品:可靠性一般,价格较低,应用在家用、娱乐、办公等领域。

工业品:可靠性较高,价格一般,应用在工业控制、交通、仪器仪表等领域。

军用品:可靠性很高,价格较高,应用在军工、航天航空、医疗等领域。

**2. 电子元器件发展趋势**

(1) 微小型化。各种移动产品、便携式产品以及航空航天、军工、医疗等领域对产品微小型化、多功能化的要求,促使元器件越来越微小型化。

(2) 集成化。集成化的最大优势在于实现成熟电路的规模化制造,从而实现电子产品的普及和发展,不断满足信息化社会的各种需求。

(3) 柔性化。现代的元器件已经不是纯硬件了,软件器件以及相应的软件电子学的发展,极大拓展了元器件的应用柔性化,适应了现代电子产品个性化、小批量多品种的柔性化趋势。

(4) 系统化。元器件的系统化,是通过集成电路和可编程技术,在一个芯片或封装内实现一个电子系统的功能。

## 3.2 电路元件

### 3.2.1 电阻器

电阻器(Resistor)简称电阻,是对电流具有一定阻力的元器件。常用的电阻分三大类:普通电阻、可调电阻和敏感电阻。电阻的电路符号如图 3-1 所示。

(a) 普通电阻　　(b) 可调电阻　　(c) 敏感电阻

图 3-1　电阻的电路符号

阻值固定的电阻称为普通电阻或固定电阻,一般情况下说的电阻就是指普通电阻;根据制作材料的不同,电阻可分为碳膜电阻、金属膜电阻、水泥电阻及线绕电阻等。常见电阻的实物图如图 3-2 所示。

（a）通孔封装电阻　　（b）圆柱形封装电阻　　（c）贴片封装电阻

图 3-2　电阻的实物图

阻值连续可调的电阻称为可调电阻,包括微调电阻和电位器;习惯上人们将带有手柄易于调节的电阻称为电位器,将不带手柄或调节不方便的电阻称为微调电阻。可调电阻一般有 3 个引出端,靠一个活动端在固定电阻体上滑动,可以获得与转角或位移成一定比例的电阻值。常见可调电阻的实物图如图 3-3 所示。

（a）表贴式微调电阻　　（b）微调电阻　　（c）单联电位器　　（d）双联电位器

（e）带开关电位器　　（f）多圈电位器　　（g）线绕电位器　　（h）直滑式电位器

图 3-3　可调电阻的实物图

具有特殊作用的电阻称为敏感电阻或特种电阻,如热敏电阻、光敏电阻及压敏电阻等。常见敏感电阻的实物图如图 3-4 所示。

（a）热敏电阻　　（b）光敏电阻

图 3-4　敏感电阻的实物图

### 1. 普通电阻的主要参数

（1）标称阻值

电阻的标称阻值指电阻表面所标的阻值。其单位为 Ω（欧姆,简称"欧"）,常用词头是 k（千）和 M（兆）。为了便于生产,同时考虑到能够满足实际使用的需要,国家标准规定了电阻的阻值按其允许偏差分为两大系列,分别为 E-24 系列和 E-96 系列,如表 3-1 所示。在这两种系列之外的电阻为非标电阻。使用国家规定的标称值系列,只需将表中的数值乘以 $10^n$($n$ 为整数)就可以构成一系列阻值。例如,E24 系列中有 1.5,即 1.5 Ω、15 Ω、150 Ω、1.5 kΩ、15 kΩ、150 kΩ 等都是标准阻值。

表 3-1  E-24 系列和 E-96 系列

| 系列代号 | 允许误差 | 标称阻值系列 |
|---|---|---|
| E24 | ±5% | 1.0、1.1、1.2、1.3、1.5、1.6、1.8、2.0、2.2、2.4、2.7、3.0、3.3、3.6、3.9、4.3、4.7、5.1、5.6、6.2、6.8、7.5、8.2、9.1 |
| E96 | ±1% | 100、102、105、107、110、113、115、118、121、124、127、130、133、137、140、143、147、150、154、158、162、165、169、174、178、182、187、191、196、200、205、210、215、221、226、232、237、243、249、255、261、267、274、280、287、294、301、309、316、324、332、340、348、357、365、374、383、392、402、412、422、432、442、453、464、475、478、499、511、523、536、549、562、576、590、604、619、634、649、665、681、698、517、732、750、768、787、806、825、845、866、887、909、931、953、976 |

(2)允许偏差

电阻的允许偏差指电阻的实际阻值对于标称阻值的最大允许偏差范围,它表示产品的精度。常用允许偏差等级如表 3-2 所示。

表 3-2  电阻常用允许偏差等级

| 级别 | B | C | D | F | G | J(Ⅰ) | K(Ⅱ) | M(Ⅲ) | N |
|---|---|---|---|---|---|---|---|---|---|
| 允许误差 | ±0.1% | ±0.25% | ±0.5% | ±1% | ±2% | ±5% | ±10% | ±20% | ±30% |

(3)额定功率

电阻的额定功率指在规定的环境温度下,假设周围空气不流通,在长时间连续工作而不损坏或基本不改变电阻性能的情况下,电阻所允许消耗的最大功率,是电阻在电路中工作时允许消耗功率的限额。常用的有 1/8 W、1/4 W、1/2 W、1 W、2 W、5 W、10 W 等。一般情况下,同种电阻中,体积大小与额定功率大小成正比。

**2.普通电阻参数的标识方法**

(1)色标法

色标法是在电阻上用四道或五道色环表示其标称阻值和允许偏差的方法。各色环的意义如表 3-3 所示。

表 3-3  电阻色环的意义

| 颜色 | 黑 | 棕 | 红 | 橙 | 黄 | 绿 | 蓝 | 紫 | 灰 | 白 | 金 | 银 | 无色 |
|---|---|---|---|---|---|---|---|---|---|---|---|---|---|
| 有效数字 | 0 | 1 | 2 | 3 | 4 | 5 | 6 | 7 | 8 | 9 | | | |
| 倍率 | $10^0$ | $10^1$ | $10^2$ | $10^3$ | $10^4$ | $10^5$ | $10^6$ | $10^7$ | $10^8$ | $10^9$ | $10^{-1}$ | $10^{-2}$ | |
| 允许偏差级别 | | F | G | | | D | C | B | | | J | K | M |

四色环读法:第 1、2 环表示有效数字,第 3 环表示倍率,单位为 Ω,第 4 环表示允许偏差。四色环读法如图 3-5(a)所示。

五色环读法:第 1、2、3 环表示有效数字,第 4 环表示倍率,单位为 Ω,第 5 环表示允许偏差。五色环读法如图 3-5(b)所示。

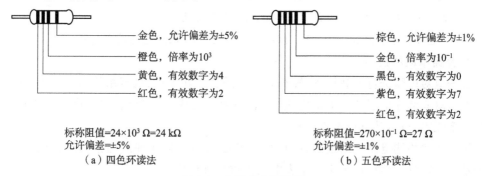

图 3-5 电阻的色环读法

辨识色环时,如何确定第一环?现介绍几种方法:

① 第一环距端部较近,偏差环距其他环较远;
② 偏差环较宽;
③ 标准化生产的电阻,其标称阻值是符合标称阻值系列的;
④ 从色环所代表意义中可知,有效数字环不可能是金、银色;
⑤ 从色环所代表意义中可知,偏差环不可能是橙、黄色、灰色、黑色。

(2) 直标法

直标法是按照命名规则,将主要信息用字母和数字标注在电阻表面的方法。直标法如图 3-6 所示。若电阻表面未标出阻值单位,则其单位为 Ω;若未标出允许偏差,则表示允许偏差为 ±20%。直标法一目了然,但只适用于体积较大的电阻。

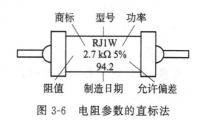

图 3-6 电阻参数的直标法

(3) 文字符号法

文字符号法是用阿拉伯数字和文字符号有规律的组合来表示标称阻值和允许偏差的方法。文字符号法的组合规律是:阻值的整数部分—阻值的单位标志符号—阻值的小数部分—允许偏差。电阻标称值的单位标志符号如表 3-1 所示,允许偏差如表 3-2 所示。阻值的整数部分没有标出时,表示整数部分为零。允许偏差部分没有标出时,表示允许偏差为 ±20%。例如:

6R2J 表示标称阻值为 6.2 Ω,允许偏差为 ±5%;
R15J 表示标称阻值为 0.15 Ω,允许偏差为 ±5%;
3k3K 表示标称阻值为 3.3 kΩ,允许偏差为 ±10%;
1M5 表示标称阻值为 1.5 MΩ,允许偏差为 ±20%。

(4) 数码法

数码法是在电阻上用 3 位或 4 位数字表示其标称阻值的方法,常见于表贴式电阻。一一般电阻用 3 位数字表示标称阻值,前两位为有效数字,第三位表示倍率,单位为 Ω,允许偏差是 5%。精密电阻用 4 位数字表示标称阻值,前三位为有效数字,第四位表示倍率,单位为 Ω,允许偏差是 1%。当最后一位数字为 8、9 时,表示倍率分别为 $10^{-2}$、$10^{-1}$。例如:

473 表示标称阻值为 $47\times10^3$ Ω=47 kΩ,允许偏差 5%;

229 表示标称阻值为 $22\times10^{-1}$ Ω=2.2 Ω,允许偏差 5%;

1002 表示标称阻值为 $100\times10^2$ Ω=10 000 Ω=10 kΩ,允许偏差 1%。

**3. 普通电阻的检测**

首先应对电阻进行外观检查,即查看外观是否完好无损、机械结构是否完好、标志是否清晰。对安装在电器装置上的电阻,若表面漆层变成棕黄色或黑色,则表示电阻可能过热甚至烧毁,可对其进行重点检查。

用万用表检测电路中的电阻前,应先切断电阻与其他元件的连接,以免其他元件影响测量的准确性。然后用数字万用表电阻挡对其进行检测。

选择合适的电阻挡,量程应选择刚好比额定电阻值大的挡位。然后将万用表的两表笔接到被测电阻的两引脚上,注意双手不能同时接触两个表笔的金属部分,根据屏幕所显示的数值读数。若屏幕显示"OL"或最高位显示"1",则表示所测电阻超出量程,此时应把量程调大,再重新测量。

**4. 电位器的主要参数**

(1)标称阻值

电位器的标称阻值指其最大电阻值。例如,标称阻值为 500 Ω 的电位器,它的阻值可在 0~500 Ω 内连续变化。

(2)允许偏差

电位器的允许偏差指电位器的实际阻值对于标称阻值的最大允许偏差范围。根据不同精度等级,电位器的允许偏差为±20%、±10%、±5%、±2%、±1%,精密电位器的精度可达±0.1%。

(3)额定功率

电位器的额定功率指电位器两个固定端允许耗散的最大功率。使用中应注意:滑动端与固定端之间所承受的功率,应小于额定功率。

(4)机械零位电阻

理论上的机械零位,实际上由于接触电阻和引出端的影响,电阻一般不是零。某些应用场合对此电阻有要求,应选用机械零位电阻尽可能小的电位器。

**5. 电位器的检测**

首先应对电位器进行外观检查。先查看其外形是否完好,表面有否污垢、凹陷或缺口,标志是否清晰。然后慢慢转动转轴,转动应平滑、松紧适当、无机械杂音。带开关的电位器还应检查开关是否灵活,接触是否良好,开关接通时的"磕哒"声音应当清脆。

用万用表检测电路中的电位器前,应先切断电位器与其他元件的连接,以免其他元件影响测量的准确性。然后用万用表电阻挡对电位器进行检测:

(1)测量两固定端的电阻值,此值应符合标称阻值及在允许偏差范围以内。

(2) 测量中心抽头(即连接的活动端)与电阻片的接触情况:转动转轴,用万用表检测此时固定端与活动端之间的阻值是否连续、均匀地变化,如变化不连续,则说明接触不良。

(3) 测量机械零位电阻,即固定端与活动端之间的最小阻值,此值应接近于零;测量极限电阻,即固定端与活动端之间的最大阻值,此值应接近于电位器的标称阻值。

(4) 测量各端子与外壳、转轴之间,各端子之间的绝缘,看其绝缘电阻是否足够大。

### 3.2.2 电容器

电容器(Capacitor)简称电容,是一种储能元件,能把电能转换为电场能储存起来,在电路中有阻直流、通交流的作用。电容的电路符号如图3-7所示。

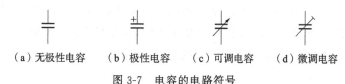

(a)无极性电容　　(b)极性电容　　(c)可调电容　　(d)微调电容

图 3-7　电容的电路符号

根据电容的结构,可分为固定电容、可调电容和微调电容。常用的是固定电容。按是否有极性来分,电容可分为有极性的电解电容和无极性的普通电容。根据其介质材料,电容可分为纸介电容、油浸纸介电容、金属化纸介电容、云母电容、薄膜电容、陶瓷电容、独石电容、涤纶(聚酯)电容、空气电容、铝电解电容、钽电解电容、铌电解电容等。常用电容的实物图如图3-8所示。

(a)涤纶电容　　(b)电解电容　　(c)可调电容　　(d)微调电容　　(e)贴片电容

图 3-8　电容的实物图

**1. 电容的主要参数**

(1) 标称容量

电容的标称容量指电容表面所标的电容量。其单位为 F(法拉,简称"法"),常用数量级有 μ(微)、n(纳)和 p(皮),换算关系如表3-4所示。

表 3-4　电容标称容量的单位标志符号

| 文字符号 | μ | n | p |
|---|---|---|---|
| 单位及进位关系 | $1\ \mu F = 10^{-6}\ F$ | $1\ nF = 10^{-9}\ F$ | $1\ pF = 10^{-12}\ F$ |

(2) 允许偏差

电容的允许偏差指电容的实际容量对于标称容量的最大允许偏差范围。固定电容的允许偏差与电阻的允许偏差相同,如表3-2所示,而电解电容允许偏差可达$-30\% \sim +100\%$。

(3)额定直流工作电压

额定直流工作电压俗称耐压或耐压值,是电容在规定的工作温度范围内,长期、可靠地工作所能承受的最高电压。当施加在电容上的电压超过额定直流工作电压时,就可能使介质被击穿从而损坏电容。额定直流工作电压系列随电容种类不同而有所区别,通常在电解电容等体积较大的电容上会标出。

**2. 电容参数的标识方法**

(1)直标法

直标法是将标称容量、耐压值等参数直接标注在电容上的方法,如图3-9所示。用直标法标注的标称容量,有时会不标注单位,其识读方法为:凡是有极性的电容,其容量单位是μF,例如10表示标称容量为10 μF;其他电容标注数值大于1的,其单位为pF,例如4700表示标称容量为4700 pF;标注数值小于1的,其单位为μF,例如0.01表示标称容量为0.01 μF。直标法一般适用于体积较大的电容。

图3-9 电容的直标法

(2)文字符号法

文字符号法是用阿拉伯数字和文字符号有规律的组合来表示标称容量和允许偏差的方法。文字符号法的组合规律是:容量的整数部分-容量的单位标志符号-容量的小数部分-允许偏差。允许偏差与电阻的允许偏差相同,如表3-2所示。例如,3p3K表示标称容量为3.3 pF,允许偏差为±10%;2n7J表示标称容量为2.7 nF,允许偏差为±5%。

有些厂家在表贴式电容表面印有英文字母及数字,其中英文字母表示容量系数,数字表示倍率,只要查到表格就可以估算出电容的容量,具体如表3-5所示。

表3-5 贴片式电容容量系数对照表

| 字母 | A | B | C | D | E | F | G | H | J | K | L |
|---|---|---|---|---|---|---|---|---|---|---|---|
| 容量系数 | 1.0 | 1.1 | 1.2 | 1.3 | 1.5 | 1.6 | 1.8 | 2.0 | 2.2 | 2.4 | 2.7 |
| 字母 | M | N | P | Q | R | S | T | U | V | W | X |
| 容量系数 | 3.0 | 3.3 | 3.6 | 3.9 | 4.3 | 4.7 | 5.1 | 5.6 | 6.2 | 6.8 | 7.5 |
| 字母 | Y | Z | a | b | c | d | e | f | m | n | t |
| 容量系数 | 8.2 | 9.1 | 2.5 | 3.5 | 4.0 | 4.5 | 5.0 | 6.0 | 7.0 | 8.0 | 9.0 |

例如，表贴式电容表面标为 A3，从系数表中查知字母 A 代表的系数为 1.0，而 3 为倍率，则该电容的容量为 $1.0 \times 10^3 = 1000$ pF。

(3) 数码法

数码法是在电容上用 3 位数码表示其标称阻值的方法。在 3 位数字中，从左至右第一、第二位为有效数字，第三位表示倍率，单位为 pF。须注意的是，若第三位数字为 8、9，则分别表示 $10^{-2}$、$10^{-1}$。数码法也用字母表示容量允许偏差，各字母代表的含义如表 3-2 所示。例如，223J 表示标称容量为 $22 \times 10^3$ pF = 22 000 pF = 22 nF = 0.022 μF，允许偏差为 ±5%；479K 表示标称容量为 $47 \times 10^{-1}$ pF = 4.7 pF，允许偏差为 ±10%。

(4) 极性的识别

电解电容有极性之分，图 3-10 为几种电解电容的极性标志。

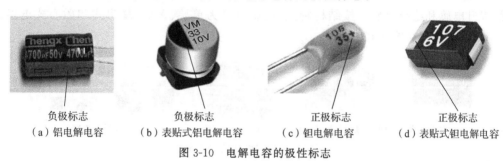

（a）铝电解电容　　（b）表贴式铝电解电容　　（c）钽电解电容　　（d）表贴式钽电解电容

图 3-10　电解电容的极性标志

### 3. 电容的检测

(1) 检查电容外观

首先应对电容进行外观检查，即查看外形是否端正完好、标志是否清晰。对电解电容，若其顶端凸起，则表示电容可能已经烧毁，可对其进行重点检查。

(2) 释放电容电荷

检测电容前应该将电容两引脚短路一下，一般使用万用表表笔或螺丝刀的金属部分将电容引脚短路，以此将电容中储存的电荷释放。否则，可能会损坏测试仪表或出现电击伤人的意外。

(3) 脱离电容连接

用万用表检测电路中的电容前，应先切断电容与其他元件的连接，以免其他元件影响测量的准确性。一般电路板上电容，需要先拆下来再检测。

(4) 用数字万用表检测

使用具有电容量测量的功能的数字万用表对电容进行检测。测量方法为：根据电容表面标注的额定电容量选择电容挡的适当量程，将万用表的两表笔接到被测电容的两引脚上，根据屏幕所显示的数值读数。

若测量的实际电容量在额定电容量的误差范围内，则可以判断该电容基本正常。但有些电容在测量时正常，而接入电路工作时却会出现问题，这是因为测量时所施加的电压与实际工作电压相差很大。若实际电容量与标称电容量相差很多，则说明该电容已经损坏。

### 3.2.3 电感器

电感器(Inductor)又称电感线圈,简称电感,是一种储能元件,能把电能转换为磁场能储存起来,在电路中有阻交流、通直流的作用。电感的电路符号如图 3-11 所示。

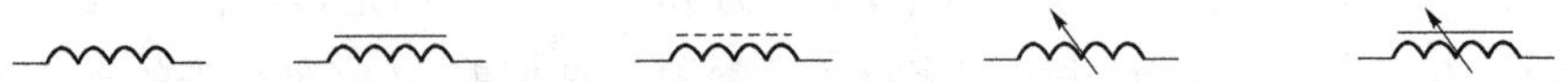

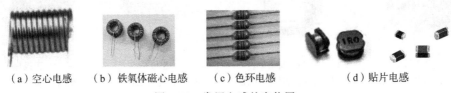

（a）空心电感　（b）铁心电感　（c）铁氧体磁心电感　（d）空心可调电感　（e）磁心可调电感

图 3-11　电感的电路符号

按是否可调,电感可分为固定电感、可调电感和微调电感。按导磁性质,电感可分为空心电感、磁心电感和铁心电感。按工作性质,电感可分为高频电感、低频电感、退耦电感、提升电感和稳频电感。按结构特点,电感可分为单层、多层、蜂房式和磁心式电感。常用电感实物图如图 3-12 所示。

（a）空心电感　　（b）铁氧体磁心电感　　（c）色环电感　　（d）贴片电感

图 3-12　常用电感的实物图

**1. 电感的主要参数**

（1）标称电感量

电感的标称电感量指电感表面所标的电感量,主要取决于线圈的圈数、结构及绕制方法等。其单位为 H(亨利,简称"亨"),常用数量级有 m(毫)、μ(微)和 n(纳),换算关系如表 3-6 所示。

表 3-6　电感标称值的单位标志符号

| 文字符号 | m | μ | n |
| --- | --- | --- | --- |
| 单位及进位关系 | $1\text{ mH}=10^{-3}\text{ H}$ | $1\text{ μH}=10^{-6}\text{ H}$ | $1\text{ nH}=10^{-9}\text{ H}$ |

（2）允许偏差

电感量的允许偏差是指标称电感量与实际电感的允许误差值,它表示产品的精度。电感的允许偏差与电阻的允许偏差相同,如表 3-2 所示。

（3）额定电流

电感的额定电流指电感在规定的温度下,连续正常工作时的最大工作电流。若工作电流大于额定工作电流,电感会因发热而改变参数,甚至烧毁。

**2. 电感参数的标识方法**

（1）直标法

直标法是将标称电感量、允许偏差及额定电流等参数直接标注在电感上的方法。电感的额定电流标志如表 3-7 所示,允许偏差如表 3-2 所示。

表3-7 电感的额定电流标志

| 字母 | A | B | C | D | E |
|---|---|---|---|---|---|
| 额定电流/mA | 50 | 150 | 300 | 700 | 1600 |

例如,330 μH,CⅡ表示标称电感量为 330 μH,允许偏差为±10%,最大工作电流为 300 mA。

(2) 文字符号法

文字符号法是用阿拉伯数字和文字符号有规律的组合来表示标称电感量和允许偏差的方法。文字符号法的组合规律是:电感量的整数部分—电感量的单位标志符号—电感量的小数部分—允许偏差。为了防止小数点在印刷不清时引起误解,所以文字符号法是用单位符号来代表标称电感量有效数字中小数点所在位置的;R 表示μH,N 表示 nH。电感标称值的单位标志符号如表 3-5 所示,允许偏差如表 3-2 所示。

例如,4N7K 表示标称电感量为 4.7 nH,允许偏差为±10%;6R8J 表示标称电感量为 6.8 μH,允许偏差为±5%。

(3) 色标法

色标法是在电感上用四道色环表示其标称电感量和允许偏差的方法。各色环的意义如表 3-8 所示。

表3-8 电感的色环意义

| 颜色 | 黑 | 棕 | 红 | 橙 | 黄 | 绿 | 蓝 | 紫 | 灰 | 白 | 金 | 银 |
|---|---|---|---|---|---|---|---|---|---|---|---|---|
| 有效数字 | 0 | 1 | 2 | 3 | 4 | 5 | 6 | 7 | 8 | 9 | | |
| 倍率 | $10^0$ | $10^1$ | $10^2$ | $10^3$ | $10^4$ | $10^5$ | $10^6$ | $10^7$ | $10^8$ | $10^9$ | $10^{-1}$ | $10^{-2}$ |
| 允许偏差 | ±20% | ±1% | ±2% | ±3% | ±4% | | | | | | ±5% | ±10% |

距端部较近的色环是第 1 环,第 1、第 2 环表示有效数字,第 3 环表示倍率,单位为 μH,第 4 环表示允许偏差,如图 3-13 所示。

银色,允许偏差为±10%
红色,倍率为$10^2$
紫色,有效数字为7
黄色,有效数字为4

标称电感值=47×$10^2$ μH=4.7 mH
允许偏差=±10%

图 3-13 电感的色环读法

(4) 数码法

数码法是在电感上用 3 位数码表示其标称电感量的方法。在 3 位数字中,从左至右第一、第二位为有效数字,第三位表示倍率,单位为 μH。例如,470J 表示标称电感量为 $47×10^0 μH = 47\ μH$,允许偏差为±5%;183K 表示标称电感量为 $18×10^3\ μH = 18\ 000\ μH = 18\ mH$,允许偏差为±10%。

**3. 电感的检测**

(1) 检查电感外观

首先应对电感进行外观检查,即查看线圈引线是否断裂、脱焊,绝缘材料是否烧焦、表面是否破损等。对于磁芯可调电感,其可变磁芯应不松动、未断裂,应能用无感改锥进行伸缩调整。

(2) 脱离电感连接

用万用表检测电路中的电感前,应先把电感的一端与电路断开,以免其他元件影响检测的准确性。

(3) 用数字万用表检测

1) 阻值检测

通过用万用表测量线圈阻值来判断其好坏。一般电感线圈的直流电阻值很小,应为零点几欧至几欧;大电感线圈的直流电阻相对较大,约为几百至几千欧。若测得电感线圈电阻为零,说明电感内部短路;若测得电感线圈电阻无穷大,说明线圈内部或引出线端已断路;若万用表指示电阻不稳定,则说明线圈引线接触不良。

2) 绝缘检查

对于有铁心或金属屏蔽罩的电感,应检测线圈引出端与铁心或壳体的绝缘情况。其阻值应为兆欧级,否则说明该电感线圈的绝缘不良。

3) 电感量测量

部分数字万用表是有电感挡的,可用来测量电感量。测量时,须选择与标称电感量相近的量程,然后将万用表的两表笔接到被测电感的两引脚上,根据屏幕所显示的数值读出电感量。另外,也可以用万用电桥或电感测试仪来测量电感量,在此不作详述。

### 3.2.4 变压器

变压器(Transformer)也是一种电感,它是利用两个电感线圈靠近时的互感现象工作的,在电路中起到电压变换和阻抗变换的作用。其电路符号如图 3-14 所示。

(a) 空心变压器　　(b) 铁氧体磁芯变压器　　(c) 铁心变压器

图 3-14　变压器的电路符号

变压器是将两组或两组以上的线圈绕在同一个线圈骨架上,或绕在同一铁心上制成的。若线圈是空芯的,则为空芯变压器;若在绕好的线圈中插入了铁氧体磁芯的,则为铁氧体磁芯变压器;若在绕好的线圈中插入了铁心的,则为铁心变压器。变压器的铁心通常由硅钢片、坡莫合金或铁氧体材料制成,其形状如图3-15所示。

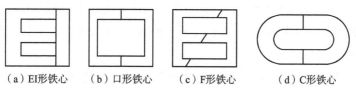

(a) EI形铁心　　(b) 口形铁心　　(c) F形铁心　　(d) C形铁心

图3-15　变压器常用铁心形状

变压器的分类。按工作频率,变压器可分为高频变压器、中频变压器和低频变压器。按用途,变压器可分为电源变压器、音频变压器、脉冲变压器、恒压变压器、耦合变压器、自耦变压器、升压变压器、隔离变压器、输入变压器和输出变压器等。按铁心形状,变压器可分为EI形变压器、口形变压器、F形变压器和C形变压器。常见变压器的实物图如图3-16所示。

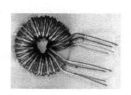   

(a) 磁环变压器　　(b) 开关电源变压器　　(c) 电源变压器　　(d) 三相变压器

图3-16　变压器的实物

**1. 变压器的主要参数**

(1) 变压比、匝比、变阻比

变压比是变压器初级电压与次级电压的比值,通常直接标出电压变换值,如220 V/12 V表示初级电压输入为220 V,次级电压输出为12 V。

匝比是变压器初级匝数与次级匝数的比值,通常以比值表示,如22∶1表示初次级匝数比为22∶1。

变阻比是变压器初级阻抗与次级阻抗的比值,通常以比值表示,如3∶1表示初次级阻抗比为3∶1。

(2) 额定电压

额定电压指变压器的初级线圈上所允许施加的电压。正常工作时,变压器初级线圈上施加的电压不得大于额定电压。

(3) 额定功率

额定功率指变压器在规定频率和电压下能长期连续工作,而不超过规定温升的输出功率,用V·A表示,习惯称W或kW。电子产品中变压器功率一般都在数百瓦以下。

(4) 效率

效率指变压器输出功率与输入功率之比。一般变压器的效率与设计参数、材料、制造工艺及功率有关。一般电源、音频变压器要注意效率,而中频、高频变压器不考虑效率。

**2. 变压器的检测**

（1）检查变压器外观

首先应对变压器进行外观检查，即查看线圈引线是否断裂、脱焊，绝缘材料是否有烧焦痕迹，铁心紧固螺丝是否有松动，硅钢片有无锈蚀，绕组线圈是否有外露等。

（2）脱离变压器连接

用万用表检测电路中的变压器前，应先切断变压器与其他元件的连接，以免其他元件影响检测的准确性。

（3）用万用表检测

① 线圈通断检测

用万用表电阻挡测量各线圈绕组两个接线端子之间的阻值。一般输入变压器的直流电阻值较大，初级多为几百欧姆，次级多为 1～200 Ω；输出变压器的初级多为几十至上百欧姆，次级多为零点几至几欧姆。若测出某线圈绕组的直流电阻过大，说明该绕组断路。

用万用表电阻挡检测变压器有否短路有两种方法。①空载通电法：切断变压器的一切负载，接通电源，看变压器的空载温升，如果温升较高，就说明变压器内部局部短路。如果接通电源 15～30 分钟温升正常，则说明变压器正常。②在变压器初级绕组内串联一个 100 W 灯泡，接通电源时，灯泡只微微发红，则变压器正常；如果灯泡很亮或较亮，则说明变压器内部有局部短路现象。

② 绝缘性能检测

用万用表电阻挡分别测量变压器铁心与初级绕组、各次级绕组，静电屏蔽层与初级绕组、各次级绕组，初级绕组与各次级绕组之间的电阻值。这些阻值都应大于 100 MΩ，否则说明变压器绝缘性能不良。

③ 初、次级绕组的判别

一般降压电源变压器初级绕组接于交流 220 V，匝数较多，直流电阻较大，而次级为降压输出，匝数较少，直流电阻也小，利用这一点可以用万用表电阻挡判断出初、次级绕组。

## 3.3　半导体元器件

### 3.3.1　二极管

二极管（Diode）是一种具有单向导电性的非线性器件，其电路符号如图 3-17 所示。

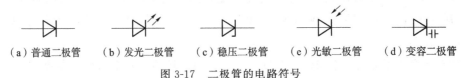

　（a）普通二极管　　（b）发光二极管　　（c）稳压二极管　　（e）光敏二极管　　（d）变容二极管

图 3-17　二极管的电路符号

二极管的分类。按材料分,二极管可分为锗二极管、硅二极管和砷化镓二极管。按用途分,二极管可分为整流二极管、开关二极管、发光二极管、稳压二极管、检波二极管、变容二极管、光敏二极管、快速恢复二极管等。常见二极管的实物图如图3-18所示。

（a）普通二极管（不同封装）　　　（b）发光二极管　　（c）稳压二极管

图3-18　二极管的实物图

**1. 二极管的主要参数**

（1）额定正向工作电流

额定正向工作电流指二极管长期连续工作时允许通过的最大正向电流值。二极管使用过程中不能超过其额定正向工作电流值,否则会使二极管烧坏。常用的1N4001的额定正向工作电流为1 A。

（2）最高反向工作电压

最高反向工作电压指二极管工作时所承受的最高反向电压,超过该值二极管可能被反向击穿。常用的1N4001的反向工作电压为50 V,1N4007的反向工作电压为700 V。

（3）反向击穿电压

二极管产生击穿时的电压称为反向击穿电压。二极管手册上给出的最高反向工作电压一般是反向击穿电压的1/2或2/3。

（4）反向电流

反向电流又称反向漏电流,是指二极管在规定的温度和最高反向电压作用下,流过二极管的反向电流。反向电流越小,二极管的单向导电性能越好。锗管的反向电流比硅管大几十到几百倍,因此硅二极管比锗二极管在高温下的稳定性要好。

**2. 二极管极性的识别**

小功率二极管的负极通常在表面用一个色环标出。金属封装二极管的螺母部分通常为负极引线。

贴片二极管的极性有多种标注方法。有引线的贴片二极管,若管体有白色色环,则色环一端为负极;若没有色环,引线较长的一端为正极。没有引线的贴片二极管,表面有色带或者缺口的一端为负极。

**3. 二极管的检测**

（1）检查二极管外观

首先应对二极管进行外观检查,即查看外观是否完好无损、机械结构是否完好、标志是否清晰。对安装在电器装置上的二极管,若表面漆层变成棕黄色或黑色,则表示二极管可能过热甚至烧毁,可对其进行重点检查。

(2) 脱离二极管连接

用万用表检测电路中的二极管前,应先切断二极管与其他元件的连接,以免其他元件影响测量的准确性。

(3) 用数字万用表检测

选择万用表二极管挡。红表笔接到二极管正极,黑表笔接到二极管负极,读出正向压降值,一般锗管的正向压降为 0.3 V 左右,硅管的正向压降为 0.7 V 左右。红表笔接到二极管负极,黑表笔接到二极管正极,此时二极管不导通,万用表一般显示"1"或"OL"。

**4. 发光二极管的识别**

发光二极管与普通二极管一样具有单向导电性,当流过一定的电流时,它就会发光。发光二极管分为单色、双色、组合、单闪和七彩等,又可分为普通亮度和超亮等,体积大小也有多种类型。

发光二极管通常长引脚为正,短引脚为负。也可以通过观察发光二极管内部电极来判断正负:一般来说,电极较小、个头较矮的一个是正极,电极较大的一个是负极。还可以通过观察发光二极管的外形来判断正负:通常来说,管体直径最大的一圈,有一段平的部分,那一边的电极为负。对于贴片发光二极管,有缺口的一端为负极。

**5. 发光二极管的检测**

选择数字万用表二极管挡,红表笔接到发光二极管正极,黑表笔接到发光二极管负极,此时发光二极管应被点亮,万用表显示其正向压降值,普通红色发光二极管一般为 1.8 V 左右。红表笔接到发光二极管负极,黑表笔接到发光二极管正极,此时发光二极管不导通,万用表应显示"1"或"OL"。需要注意的是,万用表二极管挡测量部分蓝色、绿色发光二极管时,由于其驱动电压较高,发光二极管不发光也是正常的。

### 3.3.2 三极管

三极管(Transistor)是双极型晶体三极管的简称,具有电流放大和开关作用。三极管有 3 个电极,分别是基极 B、集电极 C、发射极 E。三极管的电路符号如图 3-19 所示。

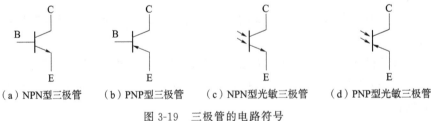

(a) NPN型三极管　　(b) PNP型三极管　　(c) NPN型光敏三极管　　(d) PNP型光敏三极管

图 3-19　三极管的电路符号

三极管的分类。按材料分,三极管可分为锗三极管、硅三极管等。按极性分,三极管可分为 NPN 型三极管、PNP 型三极管。按用途分,三极管可分为大功率三极管、中功率三极管、小功率三极管、高频三极管、低频三极管、光电三极管等。常见三极管的实物图如图 3-20 所示。

（a）金属封装三极管　（b）塑料封装三极管　（c）金属封装大功率管　（d）塑料封装中功率管　（e）贴片三极管

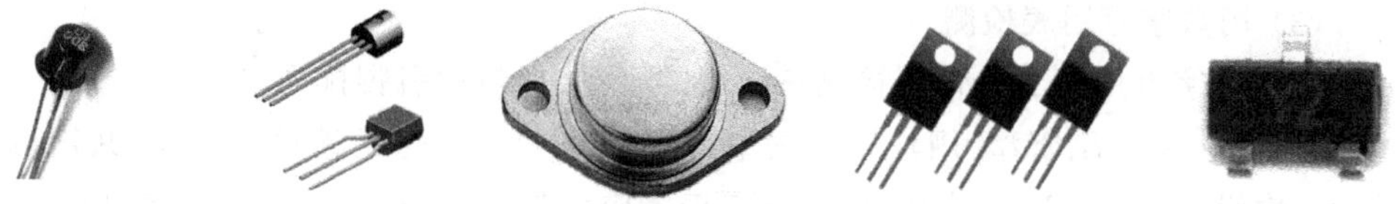

图 3-20　三极管的实物图

**1. 三极管的主要参数**

（1）电流放大系数

电流放大系数也称电流放大倍数，表示三极管的放大能力。根据三极管工作状态的不同，电流放大系数又分为直流电流放大系数和交流电流放大系数。直流电流放大系数也称静态电流放大系数或直流放大倍数，指在静态无变化信号输入时，三极管集电极电流与基极电流的比值。交流电流放大系数也称动态电流放大系数、交流放大倍数或共射交流电流放大倍数，指在交流状态下，三极管集电极电流变化量与基极电流变化量的比值。

（2）耗散功率

耗散功率也称集电极最大允许耗散功率，指三极管参数变化不超过规定允许值时的最大集电极耗散功率。使用三极管时，其实际功耗不允许超过耗散功率，否则会造成三极管因过载而损坏。通常将耗散功率小于 1 W 的三极管称为小功率三极管；将耗散功率大于 1 W、小于 10 W 的三极管称为中功率三极管；将耗散功率大于 10 W 的三极管称为大功率三极管。

（3）集电极最大电流

集电极最大电流指三极管集电极所允许流过的最大电流。当集电极电流超过此值，三极管的电流放大系数等参数将发生明显变化，影响其正常工作，甚至损坏三极管。

（4）最大反向电压

最大反向电压指三极管在工作时所允许施加的最高工作电压。它包括 3 个参数：

① 集电极－发射极反向击穿电压，指当三极管的基极开路时，集电极与发射极之间的最大允许反向电压。

② 集电极－基极反向击穿电压，指当三极管的发射极开路时，集电极与基极之间的最大允许反向电压。

③ 发射极－基极反向击穿电压，指当三极管的集电极开路时，发射极与基极之间的最大允许反向电压。

**2. 三极管的检测**

（1）检查三极管外观

首先应对三极管进行外观检查，即查看外观是否完好无损、标志是否清晰。对安装在电路板上的三极管，应检查三极管的外观是否有损坏或烧焦的迹象，如果有，说明三极管已经损坏，需要更换。

（2）脱离三极管连接

用万用表检测电路中的三极管前，应先切断三极管与其他元件的连接，以免其他元件影响测量的准确性。

(3) 用数字万用表检测

使用数字万用表二极管挡检测三极管的管型、材料和引脚排列。

① 判断基极 B、管型：用红黑两表笔分别检测三极管的任意两个电极，共需测 6 次，其中 4 次没有读数 2 次有读数，说明此三极管应该是好的；有读数的 2 次其中有一个表笔是接的同一个电极，说明此电极是三极管的基极 B；若此时基极 B 接的是红表笔，说明管型为 NPN；若此时基极 B 接的是黑表笔，说明管型为 PNP。

② 判断材料：若两个读数都为 0.7 V 左右，则三极管的材料为硅；若两个读数都为 0.3 V 左右，则三极管的材料为锗。

③ 判断集电极 C 与发射极 E：比较两读数，读数较大时，两表笔接的分别是基极 B 和发射极 E；读数较小时，两表笔接的分别是基极 B 和集电极 C。一般来说，在步骤①已经判断了基极 B 的前提下，三极管型号面向自己，从左到右 3 个引脚常见的依次为 ECB、EBC 或 BCE。

④ 电流放大系数的测量

在已经判断三极管是 NPN 或 PNP，以及准确判断三极管的 3 个极（E、B、C）的前提下，可以使用数字万用表三极管 hFE 挡检测三极管的电流放大系数，把三极管的 3 个引脚插入相应的插孔，万用表屏幕上就会显示该三极管的电流放大系数。

### 3.3.3 场效应晶体管

场效应管是场效应晶体管（Field-Effect Transistor，FET）的简称。它是一种电压控制的半导体器件，即场效应管的电流受控于栅极电压。场效应管有 3 个电极，分别是门极 G（又称栅极）、漏极 D、源极 S。其电路符号如图 3-21 所示。

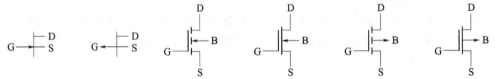

（a）N沟道结型　（b）P沟道结型　（c）N沟道增强型　（d）N沟道耗尽型　（e）P沟道增强型　（f）P沟道耗尽型

图 3-21　场效应管的电路符号

场效应管的分类。场效应管分结型、绝缘栅型两大类。结型场效应管又分为 N 沟道和 P 沟道两种。绝缘栅型场效应管除有 N 沟道和 P 沟道之分外，还有增强型与耗尽型之分。常见场效应管的实物图如图 3-22 所示。

（a）场效应管　　　　　　　（b）贴片场效应管

图 3-22　场效应管的实物图

**1. 场效应管的主要参数**

(1) 跨导

漏极电流的微变量与引起这个变化的栅－源电压微变量之比,称为跨导。它是衡量场效应管栅－源电压对漏极电流控制能力的一个参数,也是衡量放大作用的重要参数。

(2) 极限漏极电流

极限漏极电流是漏极能够输出的最大电流。其值与温度有关。通常手册上标注的是温度为 25 ℃时的值,一般指的是连续工作电流。

(3) 最大漏－源电压

最大漏－源电压是场效应管漏－源极之间可以承受的最大电压。

**2. 场效应管的检测**

(1) 检查场效应管外观

首先应对场效应管进行外观检查,即查看外观是否完好无损、标志是否清晰。对安装在电路板上的场效应管,应检查场效应管是否损坏,有无烧焦或针脚断裂等情况。如果有,则场效应管已经损坏。

(2) 脱离场效应管连接

用万用表检测电路中的场效应管前,应先切断场效应管与其他元件的连接,以免其他元件影响测量的准确性。一般是将场效应管从电路板中卸下,确保测量的准确性。

(3) 短接引脚放电

清洁场效应管的引脚,去除引脚上的污物,并将 3 个引脚短接放电。

(4) 用数字万用表检测

使用数字万用表二极管挡检测场效应管。

用万用表红黑两表笔分别检测场效应管的任意两个引脚,共需测量 6 次。其中 5 次没有读数(即万用表显示"1"或者"OL"),1 次有读数,且读数出现 0.3～0.8 V 左右的数字,说明此场效应管基本正常。重复步骤(3),再次短接场效应管的 3 个引脚后,如果仍然出现两次或者两次以上万用表测得的数据较小的情况,则说明场效应管已经被击穿损坏。

### 3.3.4 晶闸管

晶闸管是晶体闸流管(Thyristor)的简称。它是一个可控导电开关,能以弱电去控制强电的各种电路。晶闸管的电路符号如图 3-23 所示。

晶闸管的分类。按关断、导通及控制方式,晶闸管可分为普通单向晶闸管、双向晶闸管、逆导晶闸管、门极关断晶闸管、BTG 晶闸管、温控晶闸管及光控晶闸管等。按引脚和极性,晶闸管可分为二极晶闸管、三极晶闸管和四极晶闸管。按电流容量,晶闸管可分为大功率晶闸管、中功率晶闸管和小功率晶闸管。

(a) 单向晶闸管　(b) 双向晶闸管

图 3-23　晶闸管的电路符号

单向晶闸管是一种 PNPN 四层半导体器件，共有 3 个电极，分别为阳极 A、阴极 K 和控制极 G。双向晶闸管是一种 NPNPN 五层半导体器件，共有 3 个电极，分别为第一阳极 $T_1$、第二阳极 $T_2$ 和控制极 G。常见晶闸管的实物图如图 3-24 所示。

（a）中功率晶闸管　　　（b）小功率晶闸管　　　（c）贴片晶闸管

图 3-24　晶闸管的实物图

**1. 晶闸管的主要参数**

（1）额定正向平均电流

额定正向平均电流指阳极和阴极间可以连续通过的 50 Hz 正弦半波电流的平均值。应选用额定正向平均电流大于电路工作电流的晶闸管。

（2）正向阻断峰值电压

正向阻断峰值电压指正向转折电压减去 100 V 后的值。使用时正向电压峰值不允许超过此值。

（3）反向阻断峰值电压

反向阻断峰值电压指反向击穿电压减去 100 V 后的值。使用时反向电压峰值不允许超过此值。

（4）维持电流

维持电流指在规定条件下，维持晶闸管导通所必需的最小正向电流。

（5）控制极触发电压

控制极触发电压指在规定条件下使晶闸管导通所必需的最小控制极直流电压值。

（6）控制极触发电流

控制极触发电流指在规定条件下使晶闸管导通所必需的最小控制极直流电流值。

**2. 晶闸管的检测**

（1）检查晶闸管外观

首先应对晶闸管进行外观检查，即查看外观是否完好无损、标志是否清晰。对安装在电路板上的晶闸管，应检查晶闸管的外观是否有损坏或烧焦的迹象，如果有，说明晶闸管已经损坏，需要更换。

（2）脱离晶闸管连接

用万用表检测电路中的晶闸管前，应先切断晶闸管与其他元件的连接，以免其他元件影响测量的准确性。一般是将场效应管从电路板中卸下，确保测量的准确性。

（3）用数字万用表检测

用数字万用表二极管挡检测晶闸管的极性、管型。

用万用表红黑两表笔分别检测晶闸管的任意两个引脚,共需测量 6 次。

如果 5 次没有读数(即万用表显示"1"或者"OL"),1 次有读数,且测得正向电压为 0.7 V 左右,则所测的晶闸管为单向晶闸管,且黑表笔所接的为阴极 K,红表笔所接的为控制极 G,余下的即为阳极 A。

如果 4 次没有读数,2 次有读数,且测得正、反向电压均为 0.7 V 左右,则所测的晶闸管为双向晶闸管,且电压较大的一次,黑表笔所接的为第一阳极 $T_1$,红表笔所接的为控制极 G,余下的即为第二阳极 $T_2$。

### 3.3.5 集成电路

集成电路(Integrated Circuits,IC)是最能体现电子产业飞速发展的一类电子元器件。通常在极小的硅单晶片上,利用半导体工艺制作上许多二极管、三极管、电阻器、电容器等,并连成能完成特定功能的电子电路,然后封装在一个外壳中,就构成了集成电路。由于将元件集成于半导体芯片上,集成电路有体积小、重量轻、可靠性高、性能稳定等优点。

**1. 集成电路的分类**

(1) 按制造工艺和结构分

集成电路可分为半导体集成电路、膜集成电路(又可细分为薄膜、厚膜两类)和混合集成电路。通常提到的集成电路指的是半导体集成电路,也是应用最广泛、品种最多的集成电路。膜集成电路和混合集成电路一般用于专用集成电路,通常称为模块。

(2) 按集成度分

集成度指一个硅片上含有的元件数目。按集成度分,集成电路可分为小规模、中规模、大规模、超大规模、特大规模以及巨大规模 6 种。中、大规模集成电路最为常用,超大规模集成电路主要用于存储器及计算机 CPU 等专用芯片中。

(3) 按使用功能分

按使用功能划分集成电路,可分为数字集成电路、模拟集成电路、微波集成电路三大类。

数字集成电路是以"开"和"关"两种状态,或以高、低电平对应"1"和"0"两个二进制数字,并进行数字的运算、存储、传输及转换的电路。数字电路的基本形式有两种——门电路和触发电路,将两者结合起来,原则上可以构成各种类型的数字电路,如计数器、存储器和 CPU 等。

模拟集成电路是处理模拟信号的电路,可分为线性集成电路和非线性集成电路。输出信号随输入信号的变化呈线性关系的电路称线性集成电路,如音频放大器、高频放大器、直流放大器,以及收录机、电视机中所用的一些电路。输出信号不随输入信号的变化而变化的电路称非线性集成电路,如对数放大器、信号放大器、检波器、变频器等。

微波集成电路是指工作频率在 1 GHz 以上的微波频段的集成电路,多用于卫星通信、导航、雷达等方面。

(4) 按半导体工艺分

集成电路按半导体工艺,可分为双极型电路、MOS 电路和双极型－MOS 电路。

双极型电路是在硅片上制作双极型晶体管构成的集成电路,由空穴和电子两种载流子导电。

MOS 电路由空穴或电子一种载流子导电,可细分为 3 种:NMOS 由 N 沟道 MOS 器件构成;PMOS 由 P 沟道 MOS 器件构成;CMOS 由 N、P 沟道 MOS 器件构成互补形式的电路。NMOS 和 PMOS 已趋于淘汰。

双极型－MOS 电路是由双极型晶体管和 MOS 电路混合构成的集成电路,一般前者作为输出极,后者作为输入极。

双极型电路驱动能力强但功耗较大,MOS 电路反之,双极型－MOS 电路则兼有两者优点。

(5) 专用集成电路

专用集成电路(ASIC)是相对于通用集成电路而言的,它是为特定应用领域或特定电子产品专门研制的集成电路,目前应用较多的有:①门阵列(GA);②标准单元集成电路(CBIC);③可编程逻辑器件(PLD);④模拟阵列和数字模拟混合阵列;⑤全定制集成电路。专用集成电路性能稳定、功能强、保密性好。

**2. 集成电路命名与替换**

集成电路的命名与分立器件相比规律性较强,绝大部分国内外厂商生产的同一种集成电路,采用基本相同的数字标号,而以不同的字头代表不同的厂商,例如 NE555、LM555、μpc1555、SG555 分别是由不同国家和厂商生产的定时器电路,它们的功能、性能、封装、引脚排列也都一致,可以相互替换。我国集成电路的型号命名采用与国际接轨的准则。但是也有一些厂商按自己的标准命名,因此在选择集成电路时要以相应产品手册为准。

**3. 集成电路的特点**

集成电路的特点如下:

(1) 集成电路不但可靠性高、寿命长,而且使用方便。

集成电路将元器件集于芯片上,这样减少了电路中元器件连接焊点的数量及连线,使电路可靠性得到很大的提高。

(2) 集成电路的专用性强。

集成电路在制作前就按所需的电路进行了设计,一旦制作完毕,它的功能就固定下来了。在使用时,只需按照集成电路所具有的功能进行选用就可以了,非常方便。

(3) 集成电路不但体积小、重量轻,而且功能多。

因为元器件的体积大、重量也大,所以由分立元器件构成的电路整机体积不可能做得很小,也不可能设计得很复杂。然而采用半导体工艺方法制作的集成电路,其芯片上可制作几十、几百甚至上万个元器件,这使得电路体积小、重量轻,同时电路的功能增多且更加完善。

(4) 集成电路需要外接一些元器件才能正常工作。

由于在集成电路内不宜制作电感、电容以及可调电阻等元器件,因此这些元器件必须外接,只有当这些元器件正确接入电路后,电路才能正常工作,发挥其应有的作用。

**4. 集成电路的封装**

(1) 双列直插封装

双列直插封装(Dual In-line Package,DIP)是一种集成电路的封装方式,集成电路的外形为长方形,在其两侧则有两排平行的金属引脚,称为排针。DIP 封装的芯片可以焊接在印制电路板电镀的贯穿孔中,或是插入在 DIP 插座上。DIP 封装的芯片一般会简称为 DIPn,其中 n 是引脚的个数,例如 14 针的集成电路即称为 DIP14,DIP 封装如图 3-25 所示。

(2) 小外形封装

小外形封装(SOP)是由双列直插式封装(DIP)演变而来的。这类封装有两种不同的引脚形式:一种具有翼形引脚,如图 3-26 所示;另一种具有"J"形引脚,如图 3-27 所示,这种封装又称为 SOJ。SOP 常见于线性电路、逻辑电路、随机存储器等。

图 3-25 DIP 封装

图 3-26 SOP 封装

图 3-27 SOJ 封装

SOP 的优点是它的翼形引脚易于焊接和检测,但它占 PCB 面积大;而 SOJ 占 PCB 面积较小,应用广泛,其引脚中心距一般为 1.27 mm,更小的为 1 mm 和 0.76 mm。

(3) 塑封有引脚芯片载体(PLCC)封装

PLCC 封装也是由 DIP 演变而来的,当引脚超过 40 个时便采用此类封装,引脚采用"J"形结构,如图 3-28 所示,其引脚中心距为 1.27 mm。PLCC 封装的外形有方形和矩形两种。这类封装常用于逻辑电路、微处理器阵列、标准单元等。

(4) 多引脚方形扁平封装

多引脚方形扁平封装(QFP)是适应 IC 内容增多、IO 数量增多而出现的封装形式,

图 3-28 PLCC 封装

由日本发明,目前已被广泛使用。QFP 封装如图 3-29 所示,其引脚中心距有 1.0 mm、0.8 mm、0.65 mm、0.5 mm 以及 0.3 mm 多种。而美国开发的 QFP,则在四角各有一个凸出的角,起到对引脚的保护作用。QFP 常用于微处理器及门阵列的 ASIC 器件。

图 3-29　QFP 封装

(5) 球栅阵列封装

随着以 QFP 为代表的周边端子型封装的迅速发展,到了 20 世纪 90 年代,QFP 的尺寸(40 mm²)、引脚数目(360 根)和引脚间距(0.3 mm)已经到达了极限。为适应 IO 数快速增长的需要,一种新型的封装形式——球栅阵列(Ball Grid Array,BGA)封装由美国和日本的公司共同开发并于 20 世纪 90 年代初投入实际应用。BGA 封装如图 3-30 所示。

图 3-30　BGA 封装

## 3.4　其他元器件

### 3.4.1　机电元器件

**1. 按钮**

按钮也称为按键,是一种轻触开关,是接通或断开电路信号的一种小电流元器件。其按钮的电路符号如图 3-31 所示。

按钮的工作原理很简单。对于常开触头,在按钮

(a) 一般按钮　　(b) 按钮开关

图 3-31　按钮的电路符号

未被按下前,电路是断开的,按下按钮后,常开触头被连通,电路也被接通;对于常闭触头,在按钮未被按下前,触头是闭合的,按下按钮后,触头被断开,电路也被分断。由于控制电路工作的需要,一个按钮还可带有多对同时动作的触头。常见按钮实物图如图3-32所示。

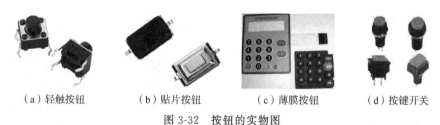

（a）轻触按钮　　　（b）贴片按钮　　　（c）薄膜按钮　　　（d）按键开关

图 3-32　按钮的实物图

**2. 连接器**

连接器（Connector）又称为接插件,是电子产品中用于电气连接的一类机电元件,使用十分广泛,其实物如图3-33所示。

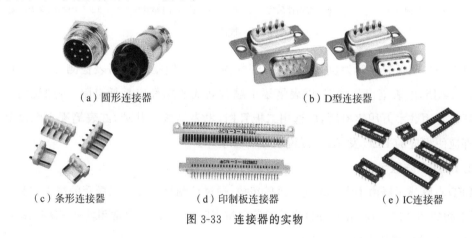

（a）圆形连接器　　　　　　　　　　（b）D型连接器

（c）条形连接器　　　（d）印制板连接器　　　（e）IC连接器

图 3-33　连接器的实物

按外形分类,连接器可分为:

(1) 圆形连接器、D 型连接器,主要用于系统内各种设备之间的连接、端接导线、电缆等,外形为圆筒形或者梯形。

(2) 条形连接器,主要用于印制电路板导线之间的连接,外形为长条形。

(3) 印制板连接器,主要用印制电路板与印制电路板或导线之间的连接,包括边缘连接器、板装连接器、板间连接器。

(4) IC 连接器,用于元器件与印制电路板的连接,通常称 IC 插座。

### 3.4.2　显示元器件

**1. LED 数码管**

LED 数码管是将若干发光二极管按一定图形组织在一起的显示器件。应用较多的是八段数码管(七段笔画和一个小数点),其实物如图 3-34(a)所示。八段数码管分为共阴极和共阳极两种,其内部电路如图 3-34(b)、(c)、(d)所示。以共阴极数码管为例,它的内部是 8 个负极连接在一起的 LED,通过给不同笔画的 LED 正极加上正电压,可以使其显示出相应的数字。

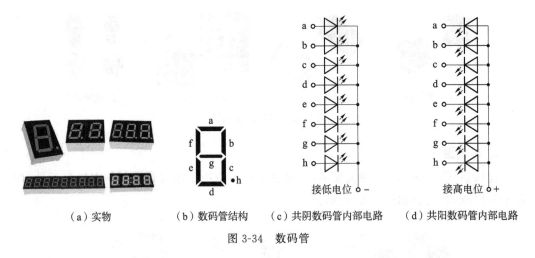

(a)实物　　　　(b)数码管结构　　(c)共阴数码管内部电路　　(d)共阳数码管内部电路

图 3-34　数码管

以小型共阴极数码管为例,说明数码管的检测。若用指针万用表检测,应选用电阻挡 R×10k 挡,红表笔接公共端,黑表笔逐个触碰其他各端都应是低电阻,否则说明数码管损坏。若用数字万用表检测,应选用二极管档,黑表笔接公共端,红表笔逐个触碰其他各端都应使相应的 LED 发光,否则说明数码管损坏。

**2. LED 点阵显示屏**

LED 点阵显示屏由很多个发光二极管组成,通过控制每个发光二极管的亮灭来显示字符,其实物如图 3-35(a)所示。LED 点阵显示屏按点阵的 LED 个数常用的有 8×8、16×16、5×7,按颜色分常用的有单色和双色。

图 3-35(b)是 8×8 LED 单色点阵显示屏的内部电路。从图中看出,它由 64 个发光二极管组成,且每个发光二极管是放置在行线和列线的交叉点上,当行、列呈现不同电平时,相应的发光二极管点亮。例如,第一行施加正电平,第一列施加负电平时,$VD_1$ 点亮,其余熄灭;第一行施加正电平,第八列施加负电平时,$VD_8$ 点亮,其余熄灭,以此类推。

**3. 显示模组**

显示模组是指将显示器件、连接件、控制与驱动等外围电路、PCB 电路板、背光源、结构件等装配在一起的用于显示的组件。常用的有液晶显示屏、OLED 显示屏以及彩色液晶屏。其实物图如图 3-36 所示。

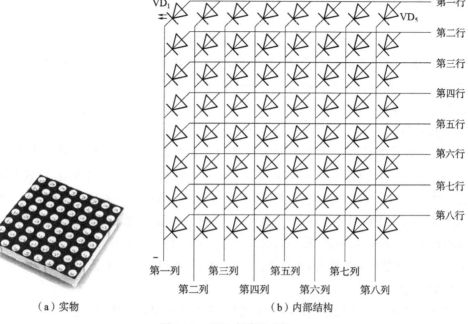

(a)实物　　　　　　　　　　　　（b）内部结构

图 3-35　LED 点阵显示屏

（a）液晶显示屏　　　　　（b）OLED显示屏　　　　　（c）彩色液晶屏

图 3-36　显示屏实物图

液晶显示屏是利用液晶的电光效应调制外界光线进行显示的器件,其实物如图 3-36(a)所示。液晶显示屏按控制方式不同可分为被动驱动式和主动矩阵式。液晶显示屏具有图像清晰精确、平面显示、厚度薄、重量轻、无辐射、低能耗、工作电压低等优点,常用于各种数字式仪表的显示器件,如数字万用表等。

OLED 显示技术无须背光灯,采用非常薄的有机材料涂层和玻璃基板(或柔性有机基板),当有电流通过时,这些有机材料就会发光,其实物图如图 3-36(b)所示。而且OLED 显示屏幕可以做得更轻更薄,可视角度更大,并且更省电。

彩色液晶屏(Thin Film Transistor,TFT)是指薄膜晶体管,意即每个液晶像素点都是由集成在像素点后面的薄膜晶体管来驱动,从而可以做到高速度、高亮度、高对比度显示屏幕信息,是最好的彩色显示设备之一,其实物图如图 3-36(c)所示。

### 3.4.3 电声元器件

电声元器件包括两大类：一类用于将音频电信号转换成相应的声音信号，如压电蜂鸣器、电磁讯响器以及各种扬声器、耳机等；另一类用于将声音信号转换成相应的电信号，如各种传声器、话筒、送话器等。这些电声器件在手机、计算机、电视机、收音机等电子设备中得到了广泛应用。

**1. 扬声器**

扬声器俗称喇叭，是一种将音频电信号转换成声音信号的器件，其电路符号及实物如图3-37所示。扬声器工作原理为：音频电能通过电磁、压电或静电效应，使其纸盆或膜片振动并与周围的空气产生共振(共鸣)而发出声音。扬声器按磁场供给的方式，可分为永磁式、励磁式；按频率特性，可分为高音扬声器和低音扬声器；根据能量的转换方式，可分为电动式、电磁式、压电式；按声辐射方式，可分为直射式(又称纸盆式)和反射式(又称号筒式)。扬声器是视听设备，如收音机、音响设备、电视机等的重要元器件。

**2. 蜂鸣器**

蜂鸣器是一种一体化结构的电子讯响器，采用直流电压供电，广泛应用于计算机、报警器、电子玩具、汽车电子设备、定时器等电子产品中作发声器件。其电路符号及实物图如图3-38所示。蜂鸣器在电路中用字母"H"或"HA"表示。

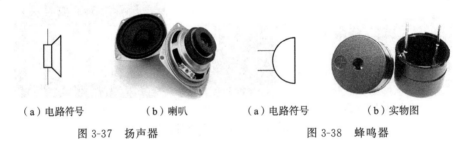

(a) 电路符号　　(b) 喇叭　　　　(a) 电路符号　　(b) 实物图

图 3-37　扬声器　　　　　　　图 3-38　蜂鸣器

蜂鸣器的种类很多。根据发声材料的不同，可分为压电式蜂鸣器和电磁式蜂鸣器；根据是否含有音源电路，可分为无源蜂鸣器和有源蜂鸣器。无源他激型蜂鸣器的工作发声原理是：方波信号输入谐振装置转换为声音信号输出。有源自激型蜂鸣器的工作发声原理是：直流电源输入经过振荡系统的放大取样电路在谐振装置作用下产生声音信号。

蜂鸣器的类型可以从下几个方面进行判别。

(1) 从外观上看，有源蜂鸣器的引脚有正、负极性之分(引脚旁会标注极性或用不同颜色引线)，无源蜂鸣器的引脚则无极性，这是因为有源蜂鸣器内部音源电路的供电有极性要求。

(2) 给蜂鸣器两引脚加合适的电压(3～24 V)，能连续发音的为有源蜂鸣器，仅接通或断开电源时发出"咔咔"声的为无源电磁式蜂鸣器，不发声的为无源压电式蜂鸣器。

(3) 用万用表合适的欧姆挡测量蜂鸣器两引脚间的正、反向电阻，正、反向电阻相同且很小(一般 8 Ω 或 16 Ω 左右)的为无源电磁式蜂鸣器,正、反向电阻均为无穷大的为无源压电式蜂鸣器,正、反向电阻在几百欧以上且测量时可能会发出连续音的为有源蜂鸣器。

**3. 传声器**

传声器又称话筒或微音器,俗称麦克风,是一种将声音信号转换成音频电信号的器件,其电路符号及实物如图 3-39 所示。传声器可分为电动传声器和静电传声器两类。电动传声器是用电磁感应原理,以在磁场中运动的导体上获得输出电压的传声器,常见的为动圈式传声器。静电传声器是以电场变化为原理的传声器,常见的为电容式。广播、电视和娱乐等方面使用的传声器,绝大多数是动圈式和静电电容式。

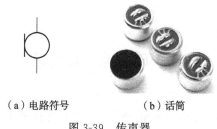

(a)电路符号　　(b)话筒

图 3-39　传声器

## 本 章 小 结

本章主要介绍电子元器件的认识与检测。首先,介绍了电子元器件的概念、分类以及发展趋势;其次,介绍了电阻器、电容器、电感器、变压器、二极管、三极管、场效应晶体管、晶闸管、集成电路的识别与检测方法,最后介绍了一些机电元器件、显示元器件、电声元器件的原理及应用。

## 思考与实践

1. 了解电子元器件的概念、分类以及发展趋势。
2. 掌握电阻器、电容器、电感器、变压器等电路元件的参数及检测方法。
3. 掌握二极管、三极管、场效应晶体管、晶闸管、集成电路等半导体元件的参数及检测方法。
4. 掌握按钮、连接器、数码管、LED 点阵显示屏、显示模组、扬声器、蜂鸣器、传声器等其他元器件的特性及检测方法。

# 第 4 章 印制电路板的认识与设计制作

## 4.1 印制电路板概述

印制电路板(Printed Circuit Board,PCB)是电子设备中用于支撑和连接电子元件的一种重要基础组件。它通过一系列的导电线路和焊点,将各种电子元件如电阻、电容、集成电路等连接起来,形成了一个复杂的电路网络,从而实现电子设备的功能。

### 4.1.1 印制电路板的结构

印制电路板(PCB)的结构可以根据其设计和用途的不同而有所变化,但大多数 PCB 都包含以下几个基本组成部分,印制电路板结构示意图如图 4-1 所示。

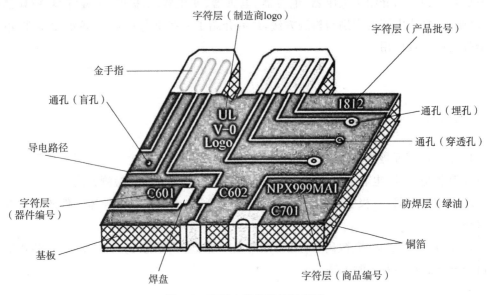

图 4-1 印制电路板结构示意图

**1. 基板(Substrate)**

(1) PCB 的基础材料,通常是绝缘的,由酚醛树脂、环氧树脂或聚酰亚胺等材料制成。

(2) 基板为铜箔和电子元件提供支撑,并决定 PCB 的机械强度和电气特性。

**2. 铜箔(Copper Foil)**

(1) 覆盖在基板两面的薄铜层,用于形成电路的导电路径。

(2) 铜箔的厚度通常以盎司(oz)计量,1 盎司铜箔大约相当于 35 μm 的厚度。

**3. 导电路径(Conductive Tracks)**

通过光刻、蚀刻等工艺在铜箔上形成的电路图案,包括线路、焊盘和 via(通孔)。

**4. 焊盘(Pad)**

位于铜箔上的平面或圆形区域,用于焊接电子元件的引脚。

**5. 通孔(Vias)**

(1) 在 PCB 内部穿透的孔,用于连接不同层的导电路径。

(2) 可以是穿透孔(Through-hole)、盲孔(Blind Via)或埋孔(Buried Via)。

**6. 防焊层(Solder Mask)**

(1) 一层覆盖在铜箔上的非导电涂料,通常为绿色,用于防止焊接时焊锡粘附到不需要的地方。

(2) 也起到保护导电路径和提供绝缘的作用。

**7. 字符层(Silk Screen)**

一层白色或彩色油墨,用于标注 PCB 上的元件编号、指示、警告和其他信息。

**8. 金手指(Gold Finger)**

在某些 PCB 的边缘,可能会有一排暴露的铜箔,并镀有金或其他耐磨金属,用于连接器接口。

### 4.1.2 印制电路板的种类

印制电路板(PCB)有多种不同的类型,每种类型都有其特定的用途和特点。以下是一些常见的 PCB 种类。

**1. 单面板(Single-Sided PCB)**

单面板如图 4-2 所示,具有以下特点:

(1) 只有一面包含铜质导电路径。

(2) 用于简单的电子设备,成本较低。

**2. 双面板(Double-Sided PCB)**

双面板如图 4-3 所示,具有以下特点:

(1) 两面都包含铜质导电路径,并通过孔(通孔)连接。

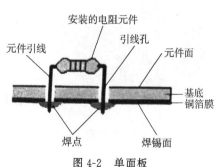

图 4-2 单面板

(2) 设计更加复杂,适用于更高级的电子设备。

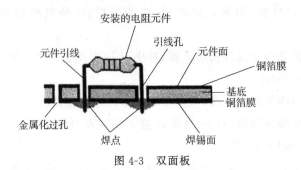

图 4-3　双面板

**3. 多层板(Multi-Layer PCB)**

多层板如图 4-4 所示,具有以下特点:

(1) 由三层或更多层铜质导电路径和绝缘材料层组成。

(2) 用于复杂的电子系统,如计算机和通信设备,可以提供更好的电气性能和更高的组件密度。

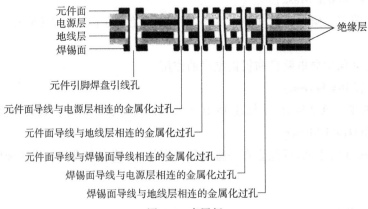

图 4-4　多层板

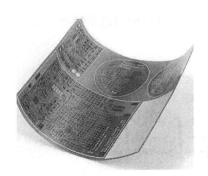

图 4-5　柔性板

**4. 柔性板(Flexible PCB)**

柔性板如图 4-5 所示,具有以下特点:

(1) 基板由柔性材料制成,可以弯曲和卷曲。

(2) 适用于空间受限或需要频繁运动的设备。

**5. 刚柔结合板(Rigid-Flex PCB)**

刚柔结合板如图 4-6 所示,结合了刚性和柔性电路板的特点,适用于需要灵活性和机械强度的应用。

**6. 铝基板(Aluminum-Based PCB)**

铝基板如图 4-7 所示,基板由铝材料制成,具有良好的热导性,适用于高功率设备。

第4章 印制电路板的认识与设计制作

图 4-6 刚柔结合板　　　　　图 4-7 铝基板

**7. 高频板(High-Frequency PCB)**

高频板如图 4-8 所示，专门用于高频信号的传输，基材和设计都针对减少信号损耗和干扰。

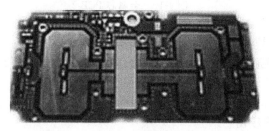

图 4-8 高频板

**8. 阻抗控制板(Impedance-Controlled PCB)**

阻抗控制板是设计用于控制信号传输路径的阻抗，以保证信号的完整性。

**9. 埋孔和盲孔板(Buried and Blind via PCB)**

通孔板、盲孔板和埋孔板结构图如图 4-9 所示，具有以下特点：

(1) 埋孔是连接内部层但不通到电路板表面的孔，盲孔是连接不同内部层或内部层与表面的孔。

(2) 用于高密度互连(HDI)和多层板设计，可以减少电路板尺寸和提高性能。

(a) 通孔板

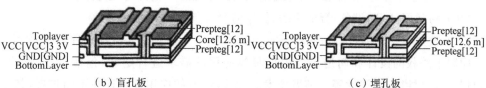

(b) 盲孔板　　　　　　　　　(c) 埋孔板

图 4-9 通孔板、盲孔板和埋孔板结构图

### 10. LED PCB

专门用于安装 LED 灯珠,通常具有特殊的散热设计和电气特性。

### 11. 金属芯 PCB(Metal Core PCB, MCPCB)

金属芯 PCB 如图 4-10 所示,类似于铝基板,但可以采用不同的金属作为核心,以提高热管理能力。

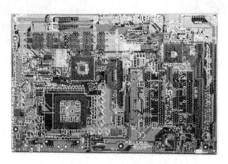

图 4-10 金属芯 PCB

这些不同类型的 PCB 可以根据特定的应用需求进行选择,以确保电子产品的性能、可靠性和成本效益。随着技术的发展,PCB 的种类和设计也在不断进化,以满足新的电子产品的需求。

### 4.1.3 印制电路板的应用

印制电路板(PCB)是现代电子技术中不可或缺的组成部分,它们的应用范围非常广泛,几乎所有的电子设备都包含至少一个 PCB。以下是一些常见的印制电路板应用领域:

(1) 消费电子产品:电视、计算机、智能手机、平板电脑、游戏机、音频设备等。

(2) 家用电器:冰箱、洗衣机、烤箱、空调、吸尘器、微波炉等。

(3) 通信设备:路由器、交换机、无线接入点、卫星通信设备等。

(4) 汽车电子:车载娱乐系统、导航系统、安全气囊控制单元、发动机管理系统等。

(5) 工业自动化:可编程逻辑控制器(PLC)、机器人控制系统、传感器、执行器等。

(6) 医疗设备:监控设备、成像设备、治疗设备、诊断设备等。

(7) 军事和航空航天:雷达系统、导航系统、通信系统、武器控制系统等。

(8) LED 照明:LED 灯具中的控制电路和电源管理电路。

(9) 可再生能源:太阳能板、风力发电机的控制电路和电源管理电路。

(10) 物联网(IoT)设备:智能手表、健康监测设备、智能家居设备等。

(11) 教育和个人项目:Arduino、Raspberry Pi 等开源硬件平台和各种 DIY 项目。

印制电路板的设计和制造可以根据具体应用的需求进行定制,包括尺寸、形状、层数、材料、导电性能、耐温性等。随着技术的发展,PCB 的应用领域还在不断扩展,其在高科技领域的地位也越来越重要。

## 4.2 印制电路板的设计

印制电路板(PCB)设计是一个复杂的过程,涉及电子工程、计算机辅助设计(CAD)和制造工艺等多个方面。

### 4.2.1 印制电路板设计的基本要求

印制电路板(PCB)设计的基本要求包括电气性能、可靠性、可制造性、成本效益和符合相关标准。

**1. 电气性能**

(1) 阻抗匹配:确保信号路径的阻抗与源和负载匹配,以减少反射和信号损失。

(2) 信号完整性:设计时要避免信号失真,保持信号的完整性。

(3) 电源和地平面设计:合理设计电源和地平面,减少噪声和电压波动。

(4) 电磁兼容性(EMC):设计时要考虑减少电磁干扰(EMI)和电磁敏感性(EMS)。

**2. 可靠性**

(1) 热管理:确保 PCB 上的温度分布合理,避免过热。

(2) 机械强度:选择合适的基板材料,确保 PCB 能够承受安装和使用中的机械应力。

(3) 耐环境性:考虑湿度、温度、化学腐蚀等环境因素对 PCB 的影响。

**3. 可制造性**

(1) 工艺兼容性:设计时要考虑现有的制造工艺,避免过于复杂或昂贵的工艺。

(2) 尺寸和公差:确保设计尺寸符合制造设备和工艺的公差要求。

(3) 元件可装配性:选择合适的元件封装,确保元件可以顺利装配到 PCB 上。

**4. 成本效益**

(1) 材料选择:根据电路性能要求选择合适的材料,避免过度设计。

(2) 尺寸优化:合理布局和布线,减少 PCB 的尺寸,降低成本。

(3) 生产效率:设计时要考虑提高生产效率,减少制造成本。

**5. 符合标准**

(1) 安全标准:确保设计符合国际和地区的安全标准。

(2) 环保要求:遵循 RoHS(限制使用某些有害物质指令)和其他环保法规。

(3) 行业规范:符合特定行业的 PCB 设计规范和标准,如 IPC(国际电子工业连接协会)标准。

**6. 其他考虑**

(1) 可维护性:设计时要考虑电路的可测试性和可维护性。

(2) 可升级性:为将来的升级或改进留有余地。

(3) 用户友好性:如果 PCB 是面向最终用户的,考虑用户接口和操作便利性。

### 4.2.2 印制电路板的设计准备

印制电路板(PCB)设计的准备工作是整个设计过程的重要起点,它涉及对项目需求的理解、设计工具的选择、原理图的绘制以及初步的布局规划。以下是一些设计准备的步骤。

**1. 需求分析**

(1) 功能要求:明确 PCB 需要实现的电性能功能。

(2) 性能要求:确定电路的工作频率、功率、电压等性能参数。

(3) 物理尺寸:根据安装空间确定 PCB 的尺寸和形状。

(4) 环境要求:考虑温度、湿度、振动等环境因素对 PCB 的影响。

(5) 成本预算:根据项目预算限制选择合适的材料和工艺。

**2. 元件选择**

(1) 元件规格:根据电路功能选择合适的元件型号和参数。

(2) 封装类型:选择元件的封装类型,考虑其与 PCB 的兼容性。

(3) 供应商:考虑元件的供应商,确保元件的可靠性和供应链的稳定性。

**3. 设计工具选择**

(1) EDA 软件:选择合适的电子设计自动化(EDA)软件,如 Altium Designer、Eagle、KiCad 等。

(2) 库文件:确保设计软件中包含了所需的元件库和封装库。

**4. 原理图设计**

(1) 绘制原理图:使用 EDA 软件绘制电路的原理图。

(2) 电气连接:确保所有元件的电气连接正确无误。

(3) 仿真验证(可选):对关键电路进行仿真,验证电路的功能和性能。

**5. 设计规则设置**

(1) 设计规则:设置 PCB 设计规则,包括线宽、线间距、孔径、层叠等。

(2) DRC 规则:定义设计规则检查(DRC)的规则,以确保设计的一致性和可制造性。

**6. 初步布局规划**

(1) 元件布局:根据电路功能和热管理要求进行初步的元件布局。

(2) 关键元件位置:确定关键元件的位置,如电源模块、处理器、高速接口等。

(3) 接口和连接器位置:规划 PCB 与其他设备或子系统连接的接口和连接器位置。

**7. 文档和记录**

(1) 设计文档:创建设计文档,记录设计过程中的关键决策和变更。

(2) 版本控制:对设计文件进行版本控制,以便于跟踪和管理。

## 4.3 印制电路板制作技术

印制电路板(PCB)制作技术是电子制造业中的一项关键技术。它涉及将电子元件和导电路径通过一系列加工步骤固定在绝缘基板上。

### 4.3.1 印制电路板的基本制作流程

印制电路板的基本制作流程如图 4-11 所示。主要包含设计、制版、蚀刻、钻孔、孔金属化、表面处理、文字和图形标识、层压和切割、测试、装配、终检等阶段。

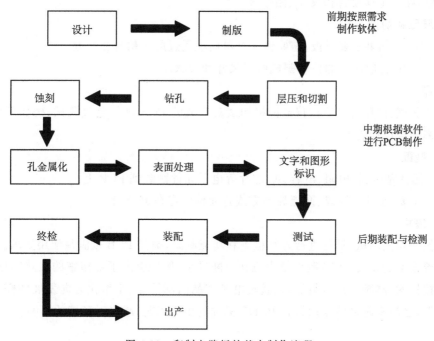

图 4-11 印制电路板的基本制作流程

**1. 设计阶段**

(1) 电路设计：首先，电子工程师会使用计算机辅助设计(CAD)软件设计电路图。

(2) 布线：在 CAD 软件中，设计者会根据电路图进行布线，确定导线的路径。

**2. 制版阶段**

(1) 底片制作：设计完成后，制作出电路图的负片，即底片。

(2) 制版：将底片放在覆有光敏材料的铜箔板上，经过曝光、显影和固化处理，形成电路图案。

**3. 蚀刻阶段**

蚀刻：将制好的版放入蚀刻液中，未曝光的铜箔被溶解，形成电路的导线和焊盘。

**4. 钻孔阶段**

钻孔：在板上钻出元件引脚孔和安装孔。

**5. 孔金属化阶段**

孔金属化：通过化学镀或电镀在孔壁上形成导电层。

**6. 表面处理**

涂覆：对电路板进行表面处理，如涂覆阻焊剂（绿油）以保护导线和焊盘不被氧化，以及在需要焊接的地方涂上焊膏。常见的表面处理包括涂覆阻焊剂、喷锡、沉金、镀镍金等。

**7. 文字和图形标识**

印刷：在板上印刷标识文字、图案等。

**8. 层压和切割**

(1) 层压：如果是多层板，需要将多个单面板通过层压粘合在一起。

(2) 切割：将层压好的板切割成所需尺寸和形状。

**9. 测试**

电气测试：使用飞针测试仪或网格测试对完成的PCB进行电气测试，确保所有导线和连接都符合设计要求。

**10. 装配**

(1) 元件贴装：将电阻、电容、IC芯片等电子元件贴装到PCB上。

(2) 焊接：通过波峰焊、回流焊等方式将元件固定在PCB上。

**11. 终检**

目检和功能测试：最后进行外观检查和功能测试，确保PCB板满足使用要求。

随着技术的发展，PCB制作技术也在不断进步，例如引入了更精细的线路制作技术、无铅焊接技术、高频高速材料等，以满足电子产品向高性能、小型化方向发展的需求。在环保方面，也越来越多地采用符合RoHS标准的生产工艺，减少对环境的影响。

### 4.3.2 印制电路板制作技术的发展趋势

(1) 高密度互联技术（HDI）：随着电子产品向更轻、更薄、更小巧的方向发展，HDI技术应运而生。HDI板通过使用微孔技术，实现了更密集的电路布线，提高了电路板的互联密度。

(2) 集成电路封装技术：随着半导体技术的发展，球栅阵列（BGA）、芯片级封装（CSP）等先进的封装技术被广泛采用，这些技术要求PCB具有更高的精度和更好的热管理能力。

(3) 高频高速材料：为了满足高速通信和高速计算的需求，PCB材料需要具备良好的介电性能和信号完整性。因此，高频高速材料的使用越来越普遍。

(4) 绿色制造：环保法规的加强和公众对环境保护意识的提高,促使 PCB 制造业采用更环保的材料和生产工艺。例如,无铅焊接技术替代了传统的含铅焊接,以减少对环境的影响。

(5) 智能制造：随着工业 4.0 的推进,PCB 制造业也在向智能化、自动化方向发展。利用物联网(IoT)、大数据、云计算等技术,实现生产过程的智能化管理和控制,提高生产效率和产品质量。

(6) 增材制造：3D 打印等增材制造技术在 PCB 制作中的应用逐渐增多,这些技术可以实现复杂形状的 PCB 制作,缩短产品开发周期,降低成本。

(7) 集成化与模块化：为了提高电子产品的性能和可靠性,PCB 设计趋向于集成化和模块化。通过将多个功能集成到一个模块中,可以减少体积和重量,提高系统的稳定性。

(8) 先进测试技术：随着 PCB 的复杂性增加,对测试技术的要求也越来越高。采用先进的测试技术,如飞针测试、自动化光学检测(AOI)等,可以确保 PCB 的质量。

(9) 材料创新：新型材料的研发,如柔性材料、导电胶、纳米材料等,为 PCB 制作提供了更多的可能性,使得 PCB 可以应用于更广泛的领域。

这些发展趋势反映了 PCB 制作技术正不断适应电子产品的快速发展和市场的多样化需求,同时也体现了制造业对环境保护的重视和对智能制造的追求。随着技术的不断进步,未来 PCB 制作技术将继续向着更高性能、更高可靠性、更环保的方向发展。

## 本 章 小 结

本章主要介绍了印制电路板(PCB)的基本概念、设计原则、制作流程以及相关技术。通过对本章的学习,读者可以了解到 PCB 在电子设备中的重要作用,掌握 PCB 设计的基本方法,熟悉 PCB 制作的各个步骤,并认识到 PCB 制作技术的发展趋势。

## 思考与实践

1. 什么是印制电路板(PCB)？
2. 简述 PCB 的基本制作流程。
3. PCB 制作技术的发展趋势有哪些？
4. PCB 的表面处理有哪些作用？

# 第 5 章 焊接技术与拆焊方法

## 5.1 焊接技术基本知识

### 5.1.1 概述

电子焊接技术通常指的是在电子制造业中使用的焊接方法,用于连接电子元件和电路板。这些焊接技术要求精细和精确,以确保电子产品的质量和可靠性。以下是一些电子焊接技术的基本知识。

(1) 焊接方法:电子焊接常用的方法包括手工焊接、波峰焊接、回流焊接、激光焊接等。

(2) 焊接材料:电子焊接使用的焊锡通常是由锡、铅和其他元素(如银、铜)合金组成的。无铅焊锡逐渐成为标准,以减少对环境的影响。

(3) 焊接工具和设备:电子焊接常用的工具包括电烙铁、焊台、热风枪、吸锡器等。设备包括波峰焊机、回流焊炉等。

(4) 焊接参数:焊接参数包括焊接温度、时间、焊锡量等,这些参数需要根据焊接材料和元件类型进行调整。

(5) 焊接质量:良好的焊接连接应该是光滑、均匀且结构稳固的。焊接缺陷如冷焊、虚焊、桥接等都会影响电子产品的性能。

(6) 焊接技术:电子焊接需要一定的技术熟练度,包括对焊接温度的控制、焊锡的适量使用、焊接速度的掌握等。

(7) 安全和防护:电子焊接过程中应佩戴适当的防护装备,如防静电手环、护目镜、防静电手套等,以防止静电损坏敏感元件和保护操作者的安全。

(8) 无铅焊接:由于环境保护的要求,无铅焊接越来越普及。无铅焊锡通常具有更高的熔点和不同的焊接特性,需要特别的工艺和设备。

了解和掌握电子焊接技术的基本知识对于电子工程师、技术员和维护人员来说是非常重要的,因为它是电子产品制造和维修中不可或缺的技能。

电工电子实习中我们重点需要了解的是手工焊接的锡焊。因为这是焊接电子元器件常用的一种方法,锡焊属于钎焊中的一种。总的来说,锡焊就是将铅锡料溶入焊件的缝隙使其连接的一种方法。锡焊在电子装配中获得广泛应用,它有以下优点:

(1) 铅锡焊料熔点较低,适合半导体等电子材料的连接。
(2) 只需简单的加热工具和材料即可加工,投资少。
(3) 焊点有足够的机械强度和电气性能。
(4) 锡焊过程可逆,易于拆焊。

### 5.1.2 锡焊的机理

锡焊是一种常见的金属连接技术,它利用熔融的焊料(通常是锡铅合金)在金属表面之间形成连接。锡焊的机理涉及几个关键的物理和化学过程,包括润湿、扩散和冷却凝固。以下是锡焊的基本机理。

(1) 润湿:润湿是焊料能够在金属表面铺展并形成连续薄层的能力。在焊接过程中,焊料加热至熔点以上,熔融的焊料与待焊金属表面接触。如果金属表面能被焊料润湿,焊料就会在金属表面上铺展,这是形成良好焊接接头的先决条件。例如,水能在干净的玻璃表面漫流而水银就不能,所以说水能润湿玻璃而水银不能润湿玻璃,如图 5-1 所示。润湿性取决于焊料和金属表面的性质,以及表面的清洁程度。

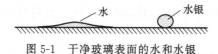

图 5-1 干净玻璃表面的水和水银

如果钎料能润湿焊件,则说它们之间可以焊接。观测润湿角是锡钎焊检测的方法之一。润湿角越小,焊接质量越好。一般质量合格的铅锡钎料和铜之间润湿角可达 20°,实际应用中一般以 45°为焊接质量的检验标准。钎料润湿角如图 5-2 所示。

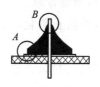  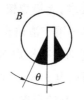

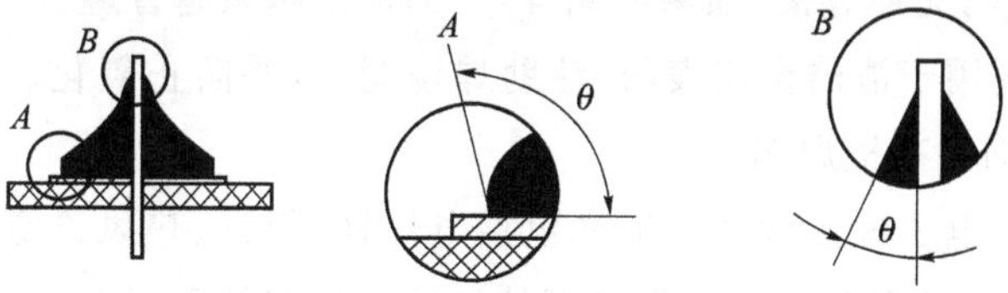

(a) 焊锡与焊件润湿　　(b) θ>90°润湿不良　　(c) θ<45°润湿良好

图 5-2 钎料润湿角

(2) 表面清洁:为了确保良好的润湿,待焊金属表面必须彻底清洁,去除油脂、氧化物和其他污染物。通常使用化学清洁剂或机械方法(如磨光、刷子清洁)来准备焊接表面。

(3) 扩散:当熔融的焊料与清洁的金属表面接触时,焊料中的金属原子会与基底金属表面的原子发生扩散。这种原子间的扩散会导致焊料与基底金属之间形成金属间化合物(结合层),这些化合物是焊接接头强度的重要组成部分,如图 5-3 所示。

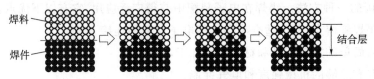

图 5-3　焊料与焊件之间扩散并形成结合层示意图

(4) 冷却凝固:在焊料润湿并铺展在金属表面后,加热源移开,焊料开始冷却并凝固。随着焊料的凝固,它会在金属之间形成连接,这个过程称为凝固焊接。凝固过程中,焊料会收缩,形成焊点。

(5) 焊接接头的形成:最终,焊料和基底金属之间形成的金属间化合物以及焊料的凝固形成了焊接接头。焊接接头的质量取决于焊接参数(如温度、时间、焊料量)以及焊接过程中的控制。

锡焊是一种复杂的过程,涉及多种因素,包括焊料的成分、焊接温度、焊接时间、金属表面的准备和焊接环境。正确理解和管理这些因素对于获得可靠的焊接接头至关重要。

### 5.1.3　锡焊的焊接条件

(1) 焊接温度:锡焊的焊接温度通常较低,一般在 180 ℃ 到 220 ℃ 之间。温度过高可能会导致元件损坏或焊点质量下降,而温度过低则可能导致焊锡不充分熔化,影响焊接强度。

(2) 焊接时间:焊接时间是指焊锡从加热到冷却的整个过程。焊接时间过长可能会导致过度加热,损坏元件或导致焊点氧化;时间过短则可能导致焊锡未充分熔化或焊点不牢固。

(3) 焊锡材料:选择合适的焊锡材料对于电子焊接至关重要。常用的焊锡是锡铅合金,但由于环保要求,无铅焊锡(如锡银铜合金)的使用越来越普遍。

(4) 焊剂:焊剂用于清洁金属表面,帮助焊锡润湿,并防止氧化。常用的焊剂包括松香基焊剂、无机焊剂和有机焊剂。

(5) 焊接工具:电子焊接常用的工具包括电烙铁、焊台、热风枪等。选择合适的焊接工具并正确设置工具的温度对于获得良好的焊接效果非常重要。

(6) 焊接环境:电子焊接应在干净、通风良好的环境中进行,以防止灰尘和其他污染物进入焊点。

(7) 元件和电路板的准备:在焊接前,元件的引脚和电路板的焊盘必须保持干净,无油污、氧化层或其他污染物。

(8) 焊接技术:焊接时,应确保焊锡充分润湿引脚和焊盘,避免形成冷焊、虚焊等焊接缺陷。

(9) 焊接后处理：焊接完成后，应检查焊点质量，并清除多余的焊锡和焊剂，以防止腐蚀和短路。

通过控制这些焊接条件，可以确保电子焊接的质量和可靠性，从而提高电子产品的整体性能和寿命。

### 5.1.4 锡焊的焊接技术分类

锡焊的焊接技术可以根据焊接过程中使用的方法和设备进行分类。以下是一些常见的锡焊焊接技术分类。

**1. 手工焊接技术**

(1) 手工电烙铁焊接：使用电烙铁手动将焊锡熔化并应用到元件引脚或电路板焊盘上。

(2) 吹焊：使用热风枪进行焊接，适用于需要更均匀加热的场合或精细的焊接工作。

**2. 自动化焊接技术**

(1) 波峰焊接：将电路板通过一个波峰状的熔融焊锡池，实现元件引脚与电路板的焊接。

(2) 回流焊接：主要用于SMT（表面贴装技术）元件的焊接，通过加热和冷却过程使焊锡膏熔化并固化。

(3) 激光焊接：使用激光束进行焊接，适用于高精度和高可靠性要求的焊接。

**3. 特殊焊接技术**

(1) 红外焊接：使用红外加热器进行焊接，适用于需要精确控制热量的场合。

(2) 超声波焊接：利用超声波振动产生的摩擦热来焊接，适用于塑料焊接和一些特殊金属焊接。

(3) 电阻焊接：通过电阻加热来焊接，适用于金属部件的连接，如电池焊片。

**4. 焊接辅助技术**

(1) 使用焊剂：在焊接过程中使用焊剂来提高焊接质量和润湿性。

(2) 使用助焊剂：在焊接前使用助焊剂清洁金属表面，去除氧化物和污染物。

每种焊接技术都有其特点和适用范围，选择合适的焊接技术取决于焊接项目的具体要求，如焊接质量、效率、成本和复杂性。在实际应用中，可能会根据不同的焊接需求和技术要求，结合多种焊接技术来完成任务。

## 5.2 手工焊接技术

### 5.2.1 概述

手工焊接技术是一种传统的焊接方法，通常由操作人员使用电烙铁和相关的辅助工具来完成。这种技术在电子制造和维修领域尤为常见,因为许多电子元件和电路板需要精确的焊接技术来确保连接的可靠性和性能。

以下是手工焊接技术的一些关键特点和步骤。

(1) 使用工具

① 电烙铁:加热并熔化焊锡的工具。

② 焊锡:用于连接元件和电路板的金属合金。

③ 焊剂:用于清洁金属表面和提高焊锡的润湿性。

④ 辅助工具:如镊子、剪线钳、吸锡器等,用于帮助操作和精细工作。

(2) 焊接步骤

① 预热:使用电烙铁预热焊接点,使其达到适当的温度。

② 应用焊锡:将熔化的焊锡应用到焊接点上。

③ 移除多余焊锡:使用工具移除多余的焊锡,以防止短路或污染。

④ 冷却:让焊点冷却固化,形成牢固的连接。

(3) 注意事项

① 控制热量:避免过热,以免损坏元件或电路板。

② 焊接时间:确保焊锡充分熔化,但不要过长,以免引起氧化或元件损伤。

③ 润湿:确保焊锡良好地润湿焊接表面。

④ 安全:使用个人防护装备,如护目镜、防热手套等。

手工焊接技术需要操作人员具备一定的技能和经验,但通过实践和培训,可以掌握这种技术,并确保电子产品的质量和可靠性。

### 5.2.2 准备工作

**1. 电烙铁的准备**

(1) 选择合适的电烙铁:根据焊接项目的需求选择合适的电烙铁,包括烙铁的功率、形状和尺寸。对于精细的电子焊接,通常选择功率在 20~60 W 之间的电烙铁。

(2) 检查电烙铁的状态:确保电烙铁没有损坏,加热元件和温度控制功能正常。如果电烙铁有过热、不加热或温度控制不准确的情况,应立即修理或更换。

(3) 清洁电烙铁尖端:使用湿布或专用的烙铁清洁剂清洁电烙铁尖端,去除氧化层和残留的焊锡。保持尖端清洁可以确保热量的有效传递和焊接质量。

(4) 预热电烙铁:开启电烙铁,让其预热到工作温度。预热时间取决于电烙铁的功率和型号,通常几分钟即可。预热可以提高焊接效率,减少对元件的热损伤。

(5) 涂覆焊剂:在预热的电烙铁尖端涂上一层薄薄的焊剂,如松香焊剂。这有助于防止氧化,并提高焊锡的流动性和润湿性。

(6) 调整温度:根据所使用的焊锡类型和焊接对象调整电烙铁的温度。不同类型的焊锡有不同的熔点,因此需要相应地调整温度。对于精细的电子焊接,通常推荐较低的温度设置。

(7) 安全使用：在使用电烙铁时，应注意安全，避免烫伤和触电。确保电烙铁的电源线没有损坏，使用时不要拉扯或压迫电源线。自动化焊接技术。

**2. 焊件的准备**

手工焊接通常应用于电子制造和维修领域，因此手工焊接的焊件通常与这些领域相关。一些常见的手工焊接焊件类型包含电路板（PCB）、电子元件、连接导线、接插件和连接器、传感器和执行器、外壳和框架、连接线束等。而电工电子实习中，导线和元器件是常用的焊件。

（1）导线准备工作

检查导线：

检查导线是否有破损、裸露的铜丝或绝缘层损坏。确保导线尺寸和类型符合焊接要求。

1）去除绝缘层

根据焊接要求，使用剥线钳或剥线器去除导线外部的绝缘层。确保去除的绝缘层长度足够，以便焊锡能够完全覆盖导线端部。

2）清洁导线端部

使用酒精、丙酮或其他溶剂清洁导线端部，去除残留的油脂和污垢。

使用砂纸、钢丝刷或专门的清洁剂去除导线端部的氧化物和污垢。

3）涂覆焊剂

在导线端部涂覆一层薄薄的焊剂，如松香焊剂。这有助于提高焊锡的润湿性和流动性。

4）定位导线

确保导线在焊接过程中保持稳定，避免在焊接过程中移动或倾斜。

使用夹具、固定器或焊台来固定导线。

（2）元器件准备工作

1）检查元器件

检查元器件是否有损坏、变形或腐蚀。

确保元器件的引脚和焊接端子符合焊接要求。

2）清洁元器件

使用酒精、丙酮或其他溶剂清洁元器件表面的油脂和污垢。

使用砂纸、钢丝刷或专门的清洁剂去除元器件表面的氧化物和污垢。

3）检查引脚

检查元器件引脚是否有毛刺、弯曲或损坏。如果引脚有损坏，可以使用钳子或砂纸进行修整。

4）涂覆焊剂

在元器件引脚上涂覆一层薄薄的焊剂，如松香焊剂。这有助于提高焊锡的润湿性和流动性。

5) 定位元器件

确保元器件在焊接过程中保持稳定,避免在焊接过程中移动或倾斜。

使用夹具、固定器或焊台来固定元器件。

使用镊子、剪线钳等工具轻轻按压引脚,以保持引脚在焊接过程中的稳定。例如引脚定型,在安装前通常采用手工或专用机械把元器件引脚弯曲成一定的形状,元器件引脚成型示意图如图 5-4 所示。

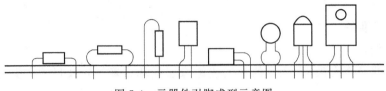

图 5-4  元器件引脚成型示意图

无论采用哪种方法,都应该按照元器件在印制电路板上孔位的尺寸要求,使其弯曲的最小半径不得小于引脚直径的两倍,不能打死弯;引脚弯曲处距离元器件本体至少在 1.5 mm 以上,绝对不能从引脚的根部开始弯折。元器件引脚弯曲要求如图 5-5 所示。

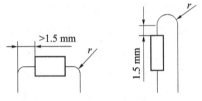

图 5-5  元器件引脚弯曲要求

### 5.2.3  手工焊接技巧

手工焊接是一项需要细致操作和一定技巧的工艺,广泛应用于电子制造、维修和艺术创作等领域。

电烙铁的握法有 3 种,如图 5-6 所示。反握法动作稳定,长时间操作不易疲劳,适于大功率电烙铁的操作。正握法适于中等功率电烙铁或带弯头电烙铁的操作。一般在操作台上焊接印制电路板时多采用握笔法。焊剂加热挥发出的化学物质对人体是有害的,如果操作时鼻子距离烙铁头太近,则很容易将有害气体吸人。因此一般电烙铁离鼻子的距离应不小于 30 cm,通常以 40 cm 为宜。使用电烙铁要配置烙铁架,一般放置在工作台右前方,电烙铁用后一定要稳妥放于烙铁架上,并注意导线等物不要碰烙铁头。

(a) 反握法     (b) 正握法     (c) 握笔法

图 5-6  电烙铁的握法

而焊锡丝一般有两种拿法,如图 5-7 所示。

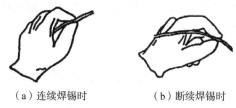

(a)连续焊锡时　　(b)断续焊锡时

图 5-7　焊锡丝的拿法

**1. 通孔式元器件的手工焊接**

一般初学者掌握通孔式元器件的手工锡焊技术可从五步法训练开始,如图 5-8 所示。

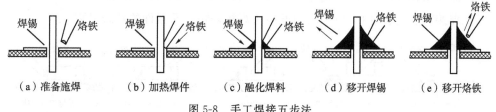

(a)准备施焊　(b)加热焊件　(c)融化焊料　(d)移开焊锡　(e)移开烙铁

图 5-8　手工焊接五步法

(1) 准备施焊

焊件插装入印制电路板,印制电路板焊接面向上,稳妥地放在工作台上。此时特别强调的是烙铁头部要保持干净,即可以沾上焊锡(俗称吃锡)。左手拿焊锡丝,右手拿电烙铁,如图 5-8(a)所示。

(2) 加热焊件

将电烙铁接触焊接点使之受热,如图 5-8(b)所示。注意要保持用电烙铁加热焊件各部分,即要使印制电路板上的焊盘和引脚都受热。另外,要注意让烙铁头的扁平部分(较大部分)接触热容量较大的焊件,烙铁头的侧面或边缘部焊件,以保持均匀受热。

(3) 融化焊料

当焊件加热到能熔化焊料的温度后将焊锡丝置于焊点,焊锡丝开始熔化并润湿焊点,如图 5-8(c)所示。

(4) 移开焊锡

当融化一定量的焊锡后将焊锡丝移开,如图 5-8(d)所示。

(5) 移开烙铁

当焊锡完全润湿焊点后移开烙铁,注意移开烙铁的方向应该是大致 45°的方向,如图 5-8(e)所示。

**2. 表贴式元器件的手工焊接**

在制作电子产品样品或维修电子产品时,有时需要手工焊接表贴式元器件,在此介绍表贴式元器件的手工焊接方法。

表贴式元器件引脚间距小,焊接时应使用尖锥式(或圆锥式)烙铁头的恒温电烙铁。如使用普通电烙铁,电烙铁的金属外壳应接保护接地,以防感应电压损坏元器件。

(1) 2端、3端表贴式元器件的焊接

方法一,焊接步骤如下:

① 预置焊点(图5-9(a)):用五步法在焊盘上镀适量焊锡,注意加热时间不宜过长。

② 准备焊接(图5-9(b)):左手放下焊锡丝,用镊子夹持元器件使引脚靠近焊盘,手拿电烙铁准备施焊。

③ 放置元件(图5-9(c)):用电烙铁加热之前预置的焊点,使之保持熔融状态。用镊子把表贴式元器件的引脚推入熔融的焊点。

④ 撤离工具(图5-9(d)):电烙铁先撤离,待焊锡凝固后再松开镊子。

⑤ 焊接其余引脚(图5-9(e)):用五步法焊接表贴式元器件的其余引脚。

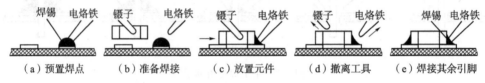

(a) 预置焊点　　(b) 准备焊接　　(c) 放置元件　　(d) 撤离工具　　(e) 焊接其余引脚

图5-9　表贴式元器件焊接方法之一

方法二,焊接步骤如下:

① 点胶(图5-10(a)):在印制电路板上安装元器件位置的几何中心点一滴不干胶。

② 粘贴(图5-10(b)):用镊子将元器件压放到不干胶上,并使元器件焊端或引脚与焊盘严格对准。

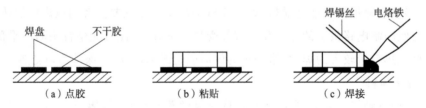

(a) 点胶　　　　(b) 粘贴　　　　(c) 焊接

图5-10　表贴式元器件焊接方法二

(2) 表贴式集成电路的焊接

焊接表贴式集成电路,可采用滚焊(或称拖焊)的焊接手法,具体步骤如下:

① 摆准位置(图5-11(a)):用镊子将待焊器件摆准位置,使引脚与焊盘基本对准。

② 焊接对角线上两引脚(图5-11(b)):将对角线上的两个引脚临时用少许焊锡点焊一下,检查每一个引脚是否都对准了各自的焊盘。

③ 滚焊(图5-11(c))将电路板以预设角度倾斜固定于工作台,用电烙铁对电路上焊点进行精确加热,直至焊料达到熔点并完全熔化,然后在电路板的焊盘和引脚上均匀涂覆助焊剂,最后将熔融状态的焊料从电路板上端开始,沿着焊点缓慢且均匀拖滚至下端。

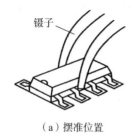

（a）摆准位置　　　　　　（b）焊接对角线上两引脚　　　　（c）滚焊

图 5-11　表贴式集成电路焊接方法

**3. 焊接操作的基本要领**

（1）保持烙铁头的清洁

因为焊接时烙铁头长期处于高温状态，又接触焊剂等受热分解的物质，其表面很容易氧化而形成一层黑色杂质，这些杂质几乎形成隔热层，使烙铁头失去加热作用。因此要随时在一块湿布或湿海绵上擦拭烙铁头，除去杂质。

（2）加热要靠焊锡桥

要提高烙铁头加热的效率，需要形成热量传递的焊锡桥。所谓焊锡桥，就是靠烙铁上保留少量焊锡作为烙铁头与焊件之间传热的桥梁。由于金属液的导热效率远高于空气，这样做可以使焊件很快被加热到焊接温度。但应注意作为焊锡桥的锡保留量不可过多。

（3）焊锡量要合适

过量的焊锡不但毫无必要地消耗了较贵的锡，而且增加了焊接时间，相应降低了工作速度。更为严重的是在高密度的电路中，过量的锡很容易造成不易觉察的短路。但是焊锡过少不能形成牢固的结合，降低焊点机械强度，特别是在板上焊导线时，焊锡不足往往造成导线脱落。在板上焊导线时焊锡量的掌握如图 5-12 所示。

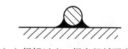

（a）合适的焊锡量、合格的焊点　　（b）焊锡过多，浪费　　（c）焊锡过少，焊点机械强度差

图 5-12　在板上焊导线时焊锡量的掌握

（4）不要用过量的焊剂

适量的焊剂是必不可缺的，但不要认为越多越好。过量的松香不仅造成焊接后焊点周围需要清洗，而且延长了加热时间（松香溶化、挥发需要并带走热量），降低工作效率；而当加热时间不足时又容易夹杂到焊锡中形成"松香焊"缺陷；对开关元器件的焊接，过量的焊剂容易流到触点处，从而造成接触不良。

（5）掌握好加热时间

上述的手工焊接五步法，对一般焊点而言用时为 2～3 s。要注意各步骤之间停留的时间，这对保证焊接质量至关重要。锡焊时可以根据实际情况采用不同的加热速度。在烙铁头形状不良,或用小烙铁焊大焊件时不得不延长时间以满足焊料对温度要求,但在大多数情况下延长加热时间对电子产品装配都是有害的,其原因是:

① 焊点的结合层由于长时间加热而超过合适的厚度引起焊点性能变质。
② 印制电路板、塑料等材料受热时间过长会变形。
③ 元器件受热后性能变化甚至失效。
④ 焊点表面由于焊剂挥发,失去保护而氧化。

由此可见,在保证焊料润湿焊件的前提下时间越短越好,这只有通过实践才能逐步掌握。

(6) 保持合适的温度

如果为了缩短加热时间而采用高温烙铁焊小焊点,则会带来另一方面的问题,即焊锡丝中的焊剂没有足够的时间在被焊面上漫流而过早挥发失效;由于温度过高,虽然加热时间短也会造成过热现象。由此可见,要保持烙铁头在合理的温度范围内。一般经验是烙铁头温度比焊料熔化温度高 50 ℃较为适宜。

理想的状态是较低的温度下缩短加热时间,尽管这是矛盾的,但在实际操作中可以通过操作手法获得令人满意的解决方法。

(7) 不要用烙铁头对焊点施力

烙铁头把热量传给焊点主要靠增加接触面积,用烙铁对焊点加力对加热是没用的。很多情况下会造成对焊件的损伤,例如电位器、开关、接插件的焊接点往往都是固定在塑料构件上,加力容易造成元器件失效。

(8) 电烙铁撤离有讲究

电烙铁撤离要及时。电烙铁撤离时的角度和方向对焊点形成有一定关系。图 5-13 所示为不同撤离方向对焊料的影响。撤电烙铁时轻轻旋转一下,可使焊点保有适当的焊料,这需要在实际操作中体会。

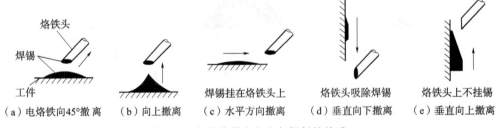

图 5-13　电烙铁撤离方向与焊料的关系

(9) 焊件要固定

在焊锡凝固之前不要使焊件移动或振动,特别是用镊子夹住焊件时一定要等焊锡凝固再移去镊子。这是因为焊锡凝固过程是结晶过程,根据结晶理论,在结晶期间受到外力(焊件移动)会改变结晶条件,导致晶体粗大,造成所谓"扰焊"。外观现象是表面无光泽呈豆渣状;焊点内部结构疏松,容易有气隙和裂缝,造成焊点强度降低,导电性能差。

因此，在焊锡凝固前一定要保持焊件静止。实际操作时可以用各种适宜的方法将焊件固定，或使用可靠的夹持措施。

**4. 焊后处理**

① 剪去多余引脚，注意不要对焊点施加剪切力以外的其他力。

② 检查所有焊点，修补漏焊、虚焊等存在缺陷的焊点。

③ 根据工艺要求选择清洗液清洗印制电路板。一般使用松香焊剂的印制电路板不用清洗。涂过焊油或氯化锌的，要用酒精擦洗干净，以免腐蚀印制电路板。

④ 由于焊锡丝成分中铅占一定比例，众所周知铅是对人体有害的重金属，因此操作时应戴手套或操作后洗手，避免受伤。

## 5.3 自动化焊接技术

电子焊接技术中的自动化焊接技术主要是指在电子制造业中使用的自动化焊接设备和方法，这些技术可以提高生产效率、保证焊接质量的一致性，并减少人工操作错误。常见的自动焊接技术有浸焊、自动表面贴装技术（回流焊）、自动波峰焊接、选择性焊接和激光焊接等。

### 5.3.1 浸焊与拖焊

**1. 浸焊**

浸焊是一种传统的焊接方法，它曾经是电子制造业中常用的焊接技术，特别是在通孔组件（Through-Hole Technology，THT）的焊接中。浸焊的过程通常涉及将已经插装了元件的印制电路板（PCB）浸入熔化的焊锡中，使焊点与焊锡接触并加热，从而实现焊接。

浸焊是将安装好的印制电路板浸入熔化状态的焊料液，一次完成印制电路板上的焊接方法。焊点以外不需连接的部分通过在印制电路板上涂阻焊剂来实现。图 5-14 所示为现在小批量生产中仍在使用的几种浸焊设备实物及示意图。

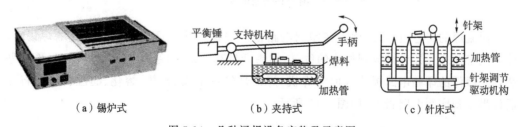

(a) 锡炉式　　　　　(b) 夹持式　　　　　(c) 针床式

图 5-14 几种浸焊设备实物及示意图

浸焊是一种手工操作机器的焊接方式，是最早替代手工焊接的大批量机器焊接方法。随着表面贴装技术（Surface Mount Technology，SMT）的普及，以及自动化焊接技术的发展,浸焊在电子制造业中的应用已经大大减少。尽管如此,浸焊在某些特定的应用和环境中仍然有其地位。例如,对于一些需要手工焊接的定制或维修工作,浸焊可能是一个实用的选择。此外,对于一些特殊的焊接要求,如大型电子设备或需要高可靠性焊接的军事和航空航天应用,浸焊可能仍然是必要的。

**2. 拖焊**

最早的自动焊接方式就是浸入拖动焊接,焊接过程中将组装好并涂有助焊剂的印制电路板以水平位置慢慢地浸入到静止的熔融的焊锡池中并沿着表面拖动一段预先确定好的距离,然后将其从焊锡池中取出,完成焊接。

尽管拖焊比浸焊又进了一步,但由于焊接中印制电路板与焊锡较长的接触时间增加了基材和元器件的加热程度。并且较大的接触面积使得产生的气体难以逸出,故产生的吹孔缺陷的数量较多,再加上表面浮渣形成较快,这种焊接方法很快被波峰焊取而代之。

### 5.3.2 自动表面贴装技术

自动表面贴装技术包括丝印(将焊膏涂在 PCB 的焊盘上)、贴片(使用贴片机将 SMD 元件放置在焊膏上)和回流焊(通过回流炉加热 PCB 以熔化焊膏并固定元件)等步骤。它的核心焊接技术是回流焊技术。

回流焊的过程涉及将涂有焊膏的 PCB 通过一个预设温度曲线的回流炉,使焊膏熔化并形成可靠的焊点。可以用回焊炉、红外加热灯或热风枪等不同加温方式来进行焊接。焊接设备为回流焊机,如图 5-15 所示。

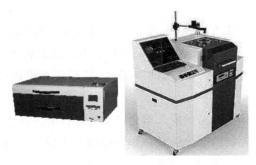

图 5-15 回流焊机

回流焊的工艺流程为:预先在印制电路板的焊盘上涂上适量和适当形式的焊锡膏,然后把表贴式元器件贴放到相应的位置,焊锡膏具有一定黏性,能使元器件固定;再把贴装好元器件的印制电路板放入回流焊机,焊锡膏经过干燥、预热、熔化、润湿、冷却,将元器件焊接到印制电路板上,如图 5-16 所示。

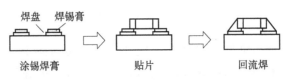

图 5-16 回流焊工艺流程

### 5.3.3 自动波峰焊接

波峰焊是通孔式元器件的主流焊接工艺,也可用于一部分表贴式元器件的焊接。图 5-17 为波峰焊示意图,图 5-18 是波峰焊机的实物图。波峰由机械或电磁泵产生并且可被控制,印制电路板由传送带以一定的速度和倾斜度通过波峰,完成焊接。波峰焊适于大批量生产。

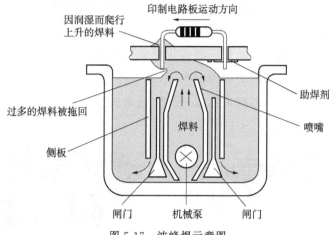

图 5-17 波峰焊示意图

波峰焊机的主要结构是有一个温度能自动控制的熔锡缸,缸内装有机械泵和具有特殊结构的喷嘴。机械泵能根据焊接要求,连续不断地从喷嘴压出液态锡波,当印制板由传送机构以一定速度进入时,焊锡以波峰的形式不断地溢出至印制板面进行焊接。波峰焊分为单波峰焊、双波峰焊、多波峰焊、宽波峰焊等。

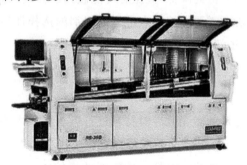

图 5-18 波峰焊机的实物图

### 5.3.4 选择性焊接

选择性焊接是制造各种电子组件(通常是电路板)时使用的工艺之一。通常,该工艺包括将特定电子元件焊接到印制电路板上,同时不影响电路板的其他区域。这与各种回流焊工艺不同,不需要将整个电路板暴露在熔融焊料中。实际上,选择性焊接可指任何焊接方法,从手工焊接到专用焊接设备,只要方法足够精确,只在所需区域使用焊料。

与波峰焊相比,两者最明显的差异在于波峰焊中 PCB 的下部完全浸入液态焊料中,而在选择性焊接中,仅有部分特定区域与焊锡波接触。选择性焊接在焊接前也必须预先涂敷助焊剂;与波峰焊相比,其助焊剂仅涂覆在 PCB 下部的待焊接部位,而不是整个 PCB。另外,选择性焊接仅适用于插装元件的焊接。

选择波峰焊(Selective Wave Soldering)是一种结合了波峰焊和选择性焊接特点的焊接技术。这种技术允许在印制电路板(PCB)上仅选择性地焊接特定区域,而不是整个表面,同时使用波峰焊的原理来实现焊接。

选择波峰焊是为了满足通孔式元器件焊接发展要求应运而生的一种特殊形式的波峰焊。这种焊接方法也可以称为局部波峰焊,其主要特点是实现整板局部焊接,液体焊料不是"瀑布式"地喷向整块印制电路板,而是"喷泉式"喷到需要的部位,因而完全可以克服传统波峰焊的缺点,如图 5-19 所示。

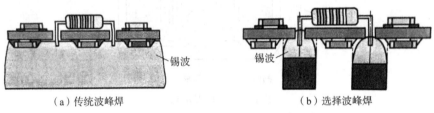

(a) 传统波峰焊　　　　　　　　(b) 选择波峰焊

图 5-19　传统波峰焊与选择波峰焊比较示意图

使用选择波峰焊进行焊接时,每一个焊点的焊接参数都可以量身订制,不必再互相将就。通过对焊接机编程,把每个焊点的焊接参数(助焊剂的喷涂量、焊接时间、焊接波峰高度等)调至最佳,缺陷率由此降低,甚至有可能做到通孔式元器件的零缺陷焊接。

选择波峰焊只是针对所需要焊接的点进行助焊剂的选择性喷涂,因此印制电路板的清洁度大大提高,同时离子污染也大大降低。

### 5.3.5　激光焊接

激光焊接是利用高能量的激光脉冲对材料进行微小区域内的局部加热,激光辐射的能量通过热传导向材料的内部扩散,将材料熔化后形成特定熔池。它是一种新型的焊接方式,主要针对薄壁材料、精密零件的焊接,可实现点焊、对接焊、叠焊、密封焊等,深宽比高,焊缝密度小,热影响区小、变形小,焊接速度快,焊缝平整、美观,焊后无需处理或只需要简单处理,焊缝质量高,无气孔,可精确控制,聚焦光点小,定位精度高,易实现自动化。

激光焊接机一般由脉冲激光电源、激光器、光学系统、冷却系统组成,激光焊接机实物图如图 5-20 所示。

图 5-20　激光焊接机实物图

## 5.4 焊接质量检查

### 5.4.1 对焊点的要求

**1. 可靠的电连接**

电子产品的焊接是同电路通断情况紧密相连的。电流,没有足够的连接面积和稳定的组织是不行的。因为锡焊连接不是靠压力,而是靠结合层达到电连接目的,如果焊锡仅是堆在焊件表面或只有少部分形成结合层,测试和工作中也许不易被发现。随着条件的改变和时间的推移,电路时通时断或者干脆不工作,而这时观察外表,电路依然是连接的,这是电子产品使用中最棘手的问题,也是制造者必须十分重视的问题。

**2. 足够的机械强度**

焊接不仅起电连接作用,同时也是固定元器件保证机械连接的手段,这就有个机械强度的问题。作为锡焊材料的铅锡合金本身强度是比较低的,要想增加强度,就要有足够的连接面积。如果是虚焊点,焊料仅仅堆在焊盘上,自然谈不到强度了。常见影响机械强度的缺陷还有焊锡过少、焊点不饱满、焊接时焊料尚未凝固就使焊件振动而引起的焊点晶粒粗大(像豆腐渣状)以及裂纹、夹渣等。

**3. 合格的外观**

良好的焊点要求焊料用量恰到好处,外表有金属光泽,没有拉尖、桥接等现象,具有可接受的几何外形尺寸,并且不伤及导线绝缘层及相邻元器件。良好的外表是焊接质量的反映,例如,表面有金属光泽是焊接温度合适、金属微结构良好的标志,而不仅仅是外表美观的要求。不过,这一点只适用于锡铅焊料焊接,对于大多数无铅焊料而言,表面不具有金属光泽。

图 5-21 所示的是典型焊点的外观示意图,图 5-22 是典型焊点的实物图。对典型焊点的共同要求是:

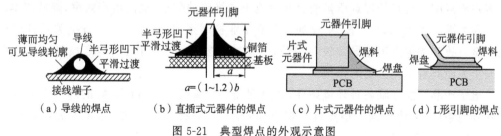

图 5-21 典型焊点的外观示意图

(1) 焊料的连接面呈半弓形凹面,焊料与焊件交界处平滑,接触角尽可能小。
(2) 表面有金属光泽且平滑。
(3) 无裂纹、针孔式夹渣。

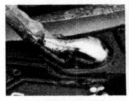  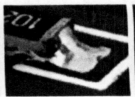 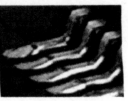

（a）贴焊导线的焊点　　（b）直插式元器件的焊点　　（c）片式元器件的焊点　　（d）L形引脚的焊点

图 5-22　典型焊点的外观实物图

### 5.4.2　焊点质量

**1. 焊点质量的重要性**

焊点质量的重要性在电子制造和维修领域是不可忽视的，它直接影响到产品的可靠性、性能和寿命。

焊点是电子组件与电路板之间的电气连接点。良好的焊点能够确保低电阻和稳定的电气连接，减少能量损耗和信号失真。焊点质量不佳，如出现冷焊、虚焊或氧化物，会导致电阻增加、电流不稳定，甚至引发短路或断路，影响整个电路的正常工作。

焊点不仅提供电气连接，还承担着机械固定的作用。质量良好的焊点能够耐受运输、安装和使用过程中可能遇到的各种机械应力，如振动、冲击和温度变化。焊点质量不佳，如焊锡量不足或过多，会导致焊点机械强度不足，容易发生脱落或断裂，从而影响产品的可靠性。

焊点在电子设备中扮演着热传递的角色。良好的焊点有助于有效散发热量，防止组件过热，从而提高设备的整体热稳定性。焊点质量不佳，如热损伤或不良的焊锡流动性，会导致热传递受阻，进而影响设备的性能和寿命。

焊点的可靠性直接关系到整个电子系统的可靠性。质量差的焊点可能导致间歇性连接问题，甚至完全失效，从而影响设备的性能和寿命。焊点的可靠性是电子产品长期稳定工作的关键因素。

焊点质量问题可能导致产品返工或维修，这不仅增加了成本，还可能影响交货时间和客户满意度。良好的焊点质量能够减少返工和维修的需求，提高生产效率，降低成本。

在关键应用中，如医疗设备、交通工具和工业控制系统，焊点的质量直接关系到用户的安全。故障的焊点可能导致设备失效，从而造成安全事故。因此，焊点质量在确保产品安全方面起着至关重要的作用。

电子产品可能面临各种环境条件，如温度、湿度、腐蚀等。质量良好的焊点能够适应这些环境条件，保持长期的稳定性。焊点质量不佳，如氧化或腐蚀，会导致焊点性能下降，影响产品的环境适应性。

因此，焊点质量在电子制造业中具有极其重要的作用。它不仅影响产品的性能和可靠性，还关系到生产成本、安全性和市场竞争力。因此，确保焊点质量是电子制造业中的一个关键环节，需要通过严格的焊接工艺控制、质量检测和持续改进来保证。那么，在焊接结束后，为保证产品质量，对焊点进行检查是不可或缺的一步。

**2. 焊点质量的检查**

焊点质量检查是确保电子产品质量的关键步骤,它包括多种方法,以确保焊点的电气连通性、机械强度和外观质量。以下是一些常见的焊点检查方法:

(1) 目检(Visual Inspection)

通过肉眼或放大镜检查焊点的外观,如颜色、形状、大小和是否有明显的缺陷。

使用显微镜等工具进行更细致的检查。

(2) 自动光学检查(AOI)

使用 AOI 设备自动检测焊点缺陷,如短路、桥接、缺失焊锡等。

AOI 可以在生产过程中实时进行,提高检测效率和准确性。

(3) X 射线检测

利用 X 射线技术检查焊点的内部结构,包括焊锡的填充情况、是否有气泡或裂纹等。

X 射线检测可以提供焊点内部的详细信息,对于检测难以通过外观发现的缺陷非常有用。

(4) 超声波检测

使用超声波技术检测焊点的内部缺陷,如裂纹、孔洞等。

超声波检测是一种非破坏性检测方法,不会对焊点造成损害。

(5) 电气测试

对焊点进行电气测试,如测量接触电阻、绝缘电阻等,以确保焊点的电气连通性。

使用飞针测试、边界扫描或其他功能测试来验证焊点的电气连通性。

(6) 拉力测试和剪切测试

对焊点进行机械强度的测试,如拉力测试和剪切测试,以评估焊点的机械强度。也可以用手指触摸、摇动元器件,看焊点是否存在松动、不牢、脱落的现象;或者使用镊子夹住元器件轻轻拉动,观察是否存在松动现象。

**3. 常见的焊点缺陷与分析**

造成焊接缺陷的原因很多,图 5-23 所示为导线端子焊接常见缺陷,表 5-1 和表 5-2 分别列出了插装和贴装中印制电路板焊点缺陷的外观、特点、危害及产生原因,可供焊点检查、分析时参考。

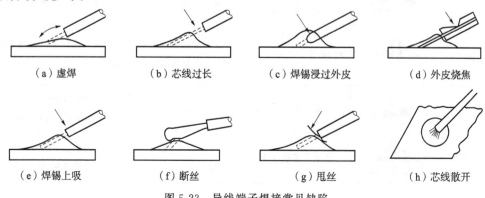

图 5-23 导线端子焊接常见缺陷

表 5-1　插件常见焊点缺陷及分析

| 焊点缺陷 | 外观特点 | | 危害 | 原因分析 |
|---|---|---|---|---|
| 焊料过多 | | 焊料面呈凸形 | 浪费焊料,且可能隐藏缺陷 | 焊丝撤离过迟 |
| 焊料过少 | | 焊料未形成平滑面 | 机械强度不足 | 焊丝撤离过早 |
| 松香焊 | | 焊点中夹有松香渣 | 强度不足,导通不良,有可能时通时断不足 | (1) 焊剂过多或已失效;<br>(2) 焊接时间不足,加热不足 |
| 过热 | | 焊点发白,无金属光泽,表面较粗糙 | (1) 容易剥落,强度降低。<br>(2) 造成元器件失效损坏 | 烙铁功率过大,加热时间过长 |
| 扰焊 | | 表面呈豆腐渣状颗粒,有时可能出现裂纹 | 强度低,导电性不好 | 焊料未凝固时焊件抖动 |
| 冷焊 | | 润湿角过大,表面粗糙,界面不平滑 | 强度低,不导通或时通时断 | (1) 焊件加热温度不够;<br>(2) 焊件清理不干净;<br>(3) 助焊剂不足或质量差 |
| 不对称 | | 焊锡未流满焊盘 | 强度不足 | (1) 焊料流动性不好;<br>(2) 助焊剂不足或质量差;<br>(3) 加热不足 |
| 松动 | | 导线或元器件引脚可移动 | 导通不良或不导通 | (1) 锡焊未凝固前引脚移动造成空隙;<br>(2) 引脚未处理好;<br>(3) 润湿不良或不润湿 |
| 拉尖 | | 出现尖端 | 外观不佳,容易造成桥接现象 | (1) 加热不足;<br>(2) 焊料不合格 |
| 针孔 | | 目测或者放大镜观察可见有孔 | 焊点容易腐蚀 | 焊盘孔与引脚间隙太大 |
| 气泡 | | 引脚根部有时有焊料隆起,内部藏有空洞 | 暂时导通但长时间容易引起导通不良 | 引脚与孔间隙过大或者引脚润湿性不良 |
| 桥接 | | 相邻引脚搭接 | 电气短路 | (1) 焊锡过多;<br>(2) 烙铁施焊撤离方向不当 |
| 焊盘脱落 | | 焊盘与基板脱离 | 焊盘活动,进而可能断路 | (1) 烙铁温度过高;<br>(2) 烙铁接触时间过长 |

| 焊点缺陷 | 外观特点 | 危 害 | 原因分析 |
|---|---|---|---|
| 焊料球 | 部分焊料成球状散落在印制电路板上 | 可能引起电气短路 | (1) 焊孔与引脚间隙太大；<br>(2) 波峰焊时,印制电路板通孔较少或小时,各种气体易在焊点成型区产生高压气流；<br>(3) 焊料含氧且焊接后期助焊剂已失效；<br>(4) 在表面安装工艺中,焊膏质量差,焊接曲线通热段升温过快,环境相对湿度较高造成焊膏吸湿 |
| 丝状桥接 | 多发生在集成电路焊盘间隙小且密集区域,丝状物多呈脆性,直径数微米至数十微米 | 电气短路 | (1) 焊料槽中杂质 Cu 含量超标,Cu 含量越高,丝状物直径越粗；<br>(2) 杂质 Cu 所形成松针状的 $Cu_3Sn_4$ 合金的固相点温差较大,因此在较低的温度下进行波峰焊时积聚的松针状 $Cu_3Sn_4$ 合金易产生丝状桥接 |

表 5-2 贴装常见焊点缺陷与分析

| 焊点缺陷 | 外观特点 | 原因分析 |
|---|---|---|
| 漏焊 | 元器件一端或多端未上焊料 | (1) 波峰焊时,设备缺少有效驱赶气泡装置或喷射波射出高度不够；<br>(2) 印制电路板传送方向设计或选择不恰当 |
| 溢胶 | 胶黏剂从焊点中或焊点边缘渗出造成空洞 | (1) 胶黏剂失效不可固化；<br>(2) 点胶过程中出现拉丝、塌陷、失准或过量现象；<br>(3) 返工时,人工补胶未达到固化要求 |
| 两端焊点不对称 | 两端焊点明显不一致,易产生焊点应力集中 | (1) 印制电路板传送方向设计或选择不恰当；<br>(2) 焊料含氧高且焊接后期助焊剂已失效；<br>(3) 波峰面不稳有湍流 |
| 直立 | 片状器呈竖立状 | (1) 因大器件的屏蔽、反射和遮指作用,焊盘面积和焊锡膏沉积量不一致,造成两端焊接部位温度不一致；<br>(2) 一端器件端子和焊盘的可焊性比另一端差；<br>(3) 气相焊接升温速率过快时以上情况会导致一端的焊料较另一端先熔化,使两端表面张力不一致,先熔的一端将另一端拉起 |

续表

| 焊点缺陷 | 外观特点 | | 原因分析 |
|---|---|---|---|
| 虹吸 | 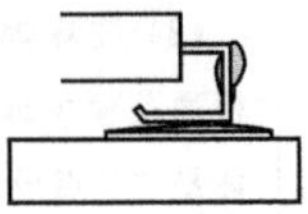 | 多发生在集成电路焊接中,焊料吸引到器件的引脚上,焊盘上失去焊料呈开路状态 | (1) 一般原因参考"直立"部分;<br>(2) 引脚共面度超标;<br>(3) 未经预热直接进入气相焊,器件引脚较焊盘先达到焊接温度 |
| 丝状桥接 | 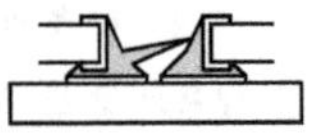 | 多发生在集成电路焊盘间隙小且密集区域,丝状物多呈脆性,直径数微米至数十微米 | (1) 焊料槽中杂质 Cu 含量超标,Cu 含量越高,丝状物直径越粗;<br>(2) 杂质 Cu 所形成松针状的 $Cu_3Sn_4$ 合金的固相点温差较大,因此在较低的温度下进行波峰焊接时积聚的松针状 $Cu_3Sn_4$ 合金易产生丝状桥接 |

**4. 通电检测**

通电检测可以发现许多微小的缺陷,如用目测观察不到的电路桥接、虚焊等。表 5-3 列出了通电检查时可能出现的故障与焊接缺陷的关系。

表 5-3 通电检查结果与原因分析

| 通电检查结果 | | 原因分析 |
|---|---|---|
| 元器件损坏 | 失效 | 过热损坏、电烙铁漏电 |
| | 性能降低 | 电烙铁漏电 |
| 导通不良 | 断路 | 焊锡开裂、松香夹渣、虚焊、插座接触不良 |
| | 时通时断 | 导线断丝、焊盘剥落等 |

## 5.5 拆焊与维修

在电子产品的生产过程中,不可避免地要因为装错、损坏或因调试、维修的需要而拆换元器件,这就是拆焊,也称解焊。如果拆焊方法不得当,就会破坏印制电路板,也会使换下而并没失效的元器件无法重新使用。

### 5.5.1 通孔式元器件拆焊

**1. 少引脚元器件**

一般电阻、电容、晶体管等引脚不多,且每个引脚可相对活动的元器件可用烙铁直接拆焊。如图 5-24 所示,将印制电路板竖起来夹住,一边用烙铁加热待拆元器件的焊点,一边用镊子或尖嘴钳夹住元器件,将引脚轻轻拉出。

重新焊接时须先用锥子将焊孔在加热熔化焊锡的情况下扎通,需要指出的是这种方法不宜在一个焊点上多次使用,因为印制导线和焊盘经反复加热后很容易脱落,造成印制电路板损坏。在可能多次更换的情况下可采用图 5-25 所示的方法。

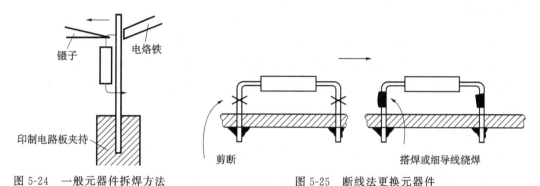

图 5-24　一般元器件拆焊方法　　　　图 5-25　断线法更换元器件

**2. 多引脚元器件**

当需要拆下多个焊点且引脚较硬的元器件时,以上方法就不行了。例如要拆下如图 5-26 所示的集成电路,一般有以下 3 种方法。

(1) 采用专用工具如图 5-26 采用专用烙铁头,用拆焊专用工具可将所有焊点加热熔化取出插座。

(2) 采用吸锡烙铁或吸锡器吸锡烙铁既可以拆下待换的元器件,又可同时不使焊孔堵塞,而且不受元器件种类限制。但这种方法必须逐个焊点除锡,效率不高,而且须及时排除吸入的焊锡。

(3) 万能拆焊法利用铜丝编织的屏蔽线电缆或较粗的多股导线,作为吸锡材料。将吸锡材料浸上松香水贴到待拆焊点上,用烙铁头加热吸锡材料,通过吸锡材料将热传到焊点熔化焊锡。熔化的焊锡沿吸锡材料上升,将焊点拆开,如图 5-27 所示。这种方法简便易行,且不易烫坏印制电路板。在没有专用工具和吸锡烙铁时是一种适应各种拆焊工作的行之有效的方法。

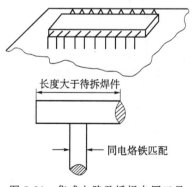　　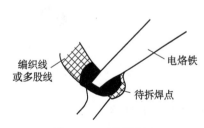

图 5-26　集成电路及拆焊专用工具　　　图 5-27　万能拆焊法

清理掉旧焊锡以后,该区域应当用浸透溶剂的毛刷进行彻底清洗,以保证良好的焊接点替换,新的元器件安装好以后,重新按工艺要求进行表面涂敷即可。

### 5.5.2 表贴式元器件拆焊

表贴式元器件体积小、焊点密集,在制造工厂和专业维修拆焊部门一般应用专门工具设备进行拆焊,例如热风枪和各种返修设备以及多功能电焊台等。对于不太复杂的印制电路板,在非专业设备条件下也可以拆焊,只是技术要求比较严格,下面做一些简单介绍。

**1. 片式元件**

片式元件一般指两端阻抗元件、二极管及 3~5 端半导体分立元器件或类似封装的集成电路。这类元器件拆焊并不困难,只是要注意保护元器件及不要烫坏焊盘。

(1) 热风枪拆焊

热风枪拆焊如图 5-28 所示。使用热风枪比较简单,操作也方便,不需要专业工具和配置多种附件。但对操作技能和经验要求较高,而且还会影响相邻元器件。

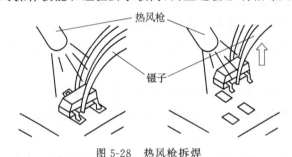

图 5-28 热风枪拆焊

(2) 专用烙铁头

图 5-29 所示的为专用烙铁头,可以快速对两端片式元件拆焊。显然,不同封装规格的片式元件需要相应的专用烙铁头。

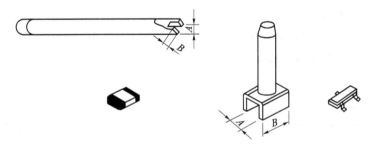

图 5-29 拆焊专用烙铁头和拆焊法

(3) 双烙铁拆焊

双烙铁拆焊如图 5-30 所示。使用两把电烙铁,同时从两边加热,也可进行拆焊。这种方法需要两人操作,不太方便。

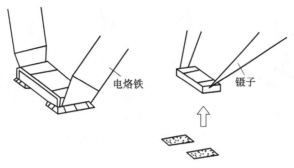

图 5-30　双烙铁拆焊

（4）万能拆焊法

用前面介绍的专用烙铁头一个人进行操作，可以实现万能拆焊。

（5）快速移动法

如果现有的工具不方便时，可以用一把电烙铁加热一端后，迅速转移到另一端加热，并用另一只手拿镊子拨开器件。这种方法简单易行，但需要较高的操作技能，并且烫坏元器件和焊盘的风险比较大。

**2. SOP/QFP 封装器件**

（1）热风枪拆焊

操作方法参考片式元件的热风枪拆焊法。

（2）拆焊专用电烙铁和配套拆焊头 拆焊专用电烙铁和配套拆焊头如图 5-31 所示。一把电烙铁可以配置多种不同规格的拆焊头，以适应不同器件。

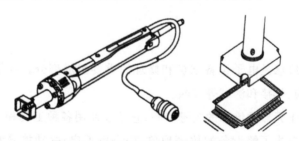

图 5-31　拆焊专用电烙铁和配套拆焊头

（3）万能拆焊法虽然比较烦琐，但在业余条件下也不失为一种可行方法。

**3. BGA/QFN 封装器件**

这类封装器件一般应该采用专业返修设备进行拆焊。在没有专业返修设备时，使用特殊烙铁或热风枪也可以拆焊，只是伤害器件及印制电路板的风险比较大。

（1）专业返修设备：图 5-32 是国内某牌子的专用返修设备图，图 5-33 是用专业返修设备进行拆焊的示意图。

图 5-32　BGA 专用返修设备

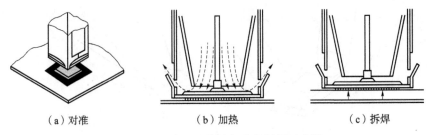

(a)对准　　　　　(b)加热　　　　　(c)拆焊

图 5-33　用专业返修设备进行拆焊示意图

(2) 热风枪拆焊法:操作方法参考片式元件的热风枪拆焊法。

(3) 特制烙铁加热法:图 5-34 是用特制烙铁进行拆焊示意图。

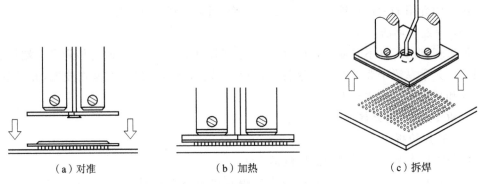

(a)对准　　　　　(b)加热　　　　　(c)拆焊

图 5-34　用特制烙铁进行拆焊的示意图

### 5.5.3　维修

电子元器件的维修是电子设备维护和修理的重要组成部分。维修方法通常包括故障诊断、元器件更换、焊接和测试等步骤。

故障诊断是电子元器件维修的关键步骤,它涉及使用各种工具和技巧来确定电子设备中存在的问题。首先了解设备的故障现象,如设备不启动、功能异常等。进行视觉检查,寻找明显的损坏迹象,如烧毁的元件、破裂的电路板、松动的连接等。使用万用表测量电源电压、接口电压和电路节点的电压。采用分段测试法,逐步缩小故障范围。对于可疑的元件,使用替换法来确定是否为故障源。

在电子元器件的维修过程中,元器件替换是一个常见的操作步骤。这通常发生在元器件被诊断为故障或损坏时,需要将其替换为新的、功能正常的元器件。现代设备中使用的印制电路板通常是双面板及多层板类型,其两面的绝缘材料上都有印制电路和元器件,在进行元器件替换之前,需要全面考虑并按照正确的步骤进行。

**1. 元器件替换基本准则**

(1) 避免不必要的元器件替换,因为存在损坏印制电路板或邻近的元器件的风险。

(2) 在非大功率印制电路板上不要使用大功率的焊接电烙铁,过多的热量会使导体松动或破坏印制电路板。

(3) 通孔操作时只能使用吸锡器或牙签等工具从元器件通孔中去除焊锡,绝不能使用锋利的金属物体来做这项工作,以免破坏通孔中的导体。

(4) 元器件替换焊接完成后,从焊接区域去除过多的助焊剂并施加保护膜以阻止污染和锈蚀。

**2. 元器件替换步骤**

(1) 仔细阅读设备说明书和用户手册上提供的元器件替换程序,注意原印制电路板是否采用无铅技术。

(2) 操作前必须断开电源,拔出电源插头。

(3) 尽可能移开印制电路板上其他插件和其他可以分离的部分。

(4) 给将要去除的元器件做标记。

(5) 在去除元器件之前仔细观察它是如何放置的,需要记住的信息包括元器件的极性、放置的角度、位置、绝缘需求和相邻元器件,建议对全板及需要进行元器件替换的部位分别照相存档。

(6) 注意操作中只能触摸印制电路板的边缘(指纹尽管看不见,却可能引起印制电路板上污物和灰尘的积累,导致印制电路板通常应当具有很高阻抗的部分其阻抗变低);在必须触摸印制电路板的情况下,应当佩戴手套。

(7) 把将要进行处理的焊接点表面的保护膜或密封材料去除,去除时可以采用蘸有推荐使用溶剂的棉签或毛刷涂抹。不允许大量的溶剂滴在印制电路板上,因为这些溶剂会从印制电路板的一个地方流到另外一个地方。用烙铁烧穿保护膜不仅非常困难,而且会影响印制电路板外观和性能。

(8) 采用合适的方法拆焊,尽量避免高温和长时间加热,以保护印制电路板铜箔和相邻元器件。

(9) 将元器件从印制电路板上去除以后,需要用蘸有溶剂的棉签或毛刷进行彻底清洗被去除元器件的周围区域。另外,通孔或印制电路板的其他区域可能还有残留的焊锡,这些也必须予以去除,以便使新的元器件容易插入。

(10) 用清洗工具对新元器件或新部件的引脚进行清洗,需要时还可以使用机械方法;对于导线嘴头,还必须去除绝缘皮,对于多股的引线,将其拧成一股,并从距绝缘皮 3 mm 的地方镀锡;获得良好焊接点的秘诀就是使所有的焊件都洁净而不仅仅依赖助焊剂达到这一效果。

(11) 将替换元器件的引脚成形以适合安装焊盘的间距,表贴式元器件对准并进行定位(至少点焊对角线两点),通孔式元器件的引脚插入通孔时注意不要用强力将引脚插入通孔,因为尖锐的引脚端可能会破坏通孔导体。

(12) 采用合适工具设备、正确的焊料(注意区分有铅和无铅)和适用的工艺完成新元器件焊接,注意焊接的温度和焊锡的用量。

(13) 移开电烙铁或其他加热器使焊锡冷却凝固,这段时间不要振动印制电路板,否则将会产生不良焊接,形成所谓的扰焊缺陷。

(14) 使用无公害清洗溶剂清洗焊接区域中泼溅的助焊剂和残留物,注意不要将棉花纤维留在印制电路板上,将印制电路板在空气中完全风干。

(15) 检查焊接点,检测印制电路板功能。

(16) 如果原印制电路板有保护膜,应该恢复该保护膜。

## 本 章 小 结

焊接技术和拆焊方法是电子电路调试和维修中的两项基本技能,它们在电子元器件的安装、更换和维修过程中起着至关重要的作用。焊接技术涉及将元器件的引脚与电路板的焊盘通过熔化的焊锡连接起来。良好的焊接技术能够确保连接的可靠性,减少故障发生的可能性。本章首先对焊接技术做了概述,让读者从整体了解焊接技术,然后分别对手工焊接技术和自动化焊接技术进行了介绍,其中对通孔式元器件和表贴式元器件的手工焊接方法进行了详细的描述;最后对焊接质量检查方法及拆焊元器件方法做了分类阐述,以帮助读者全面了解手工焊接技术与拆焊技术,同时初步了解自动焊接技术。

## 思考与实践

1. 了解电子焊接技术的基本知识。
2. 熟练掌握手工焊接元器件的操作方法。
3. 了解有哪些自动化焊接技术。
4. 熟悉焊接质量的检查方法及焊点缺陷的判断。
5. 熟练掌握通孔式和表贴式元器件的拆焊手法。

# 第 6 章 综合创新训练项目

## 6.1 多谐振荡闪烁灯

在电子技术与照明设备的领域中,多谐振荡闪烁灯无疑是一个引人注目的存在。它不仅具有独特的视觉效果,而且在多种应用场景中发挥着重要的作用。那么,究竟什么是多谐振荡闪烁灯,它又有哪些作用呢?

多谐振荡闪烁灯,简称闪烁灯或多谐振荡灯,是一种基于多谐振荡器原理工作的照明设备。多谐振荡器是一种能够产生周期性非正弦波信号的电路,通过控制这种电路的频率和占空比,可以实现灯光的闪烁效果。这种闪烁效果可以是固定的频率,也可以是变化的频率,从而创造出丰富的视觉体验。

在实际应用中,多谐振荡闪烁灯具有广泛的应用场景。例如,在交通信号灯中,多谐振荡闪烁灯可以发出醒目的闪烁信号,提醒行人和车辆注意交通安全;在舞台表演中,多谐振荡闪烁灯可以营造出独特的氛围和视觉效果;在广告招牌中,多谐振荡闪烁灯可以吸引人们的注意力,提高广告效果。

**1. 多谐振荡闪烁灯电路原理**

多谐振荡闪烁灯电路原理如图 6-1 所示,电路由 LED、电阻、电容和晶体管组成,其工作过程由两个部分组成,分别为晶体管 $Q_1$ 导通过程和晶体管 $Q_2$ 导通过程,并且这两个工作工程是相互排斥的,即晶体管 $Q_1$、$Q_2$ 两者在任意时刻只能导通其一,不能同时导通,并且与电容、电阻等元件的相互作用下产生振荡效应,从而实现 LED 交替闪烁。

具体工作过程如下,当电路通电后,晶体管 $Q_1$、$Q_2$ 即使型号相同,但真实参数也存在细微的差异,假设晶体管 $Q_1$ 的电流放大倍数 $\beta$ 大于 $Q_2$,则晶体管 $Q_1$ 先导通,称为晶体管 $Q_1$ 导通过程,如图 6-2 所示。图中的箭头代表各支路电流的方向,每条支路电流的作用如下:支路①使 $LED_1$ 发光;支路③维持晶体管 $Q_1$ 导通;支路④为电容 $C_2$ 充电支路,但由于电阻 $R_4$ 阻值较小,使电容 $C_2$ 快速充电,从而使电容 $C_2$ 正极电位迅速增大,最后导致 $LED_2$ 迅速熄灭;支路②使电容 $C_1$ 反向充电,当然电容 $C_1$ 刚开始充电时,电容电压为 0 V,并且电容电压不能突变,从而使电容 $C_1$ 负极的电位等于晶体管 $Q_1$ 集电极电位(晶体管 $Q_1$ 处于导通状态,集电极电位近乎为 0 V),即电容 $C_1$ 负极的电位为 0 V,从而使晶体管 $Q_2$ 截止,同时,晶体管 $Q_2$ 截止会使支路③和支路④电流都流向晶体管 $Q_1$ 的基极,从而促进晶体管 $Q_1$ 的导通。当然随着电容 $C_1$ 不断反向充电,当其负极上电位上升到 0.7 V 时,会触发晶体管 $Q_2$ 导通。

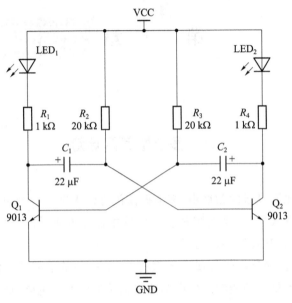

图 6-1 多谐振荡闪烁灯电路原理图

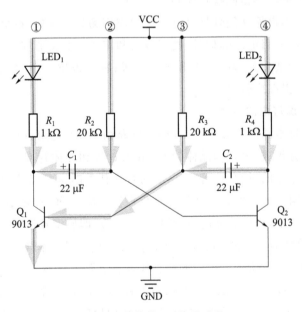

图 6-2 晶体管 $Q_1$ 导通过程

晶体管 $Q_2$ 导通过程,如图 6-3 所示,图中每条支路电流的作用如下:支路④使 $LED_2$ 发光;支路②维持晶体管 $Q_2$ 导通;支路①为电容 $C_1$ 充电支路,但由于电阻 $R_1$ 阻值小,使电容 $C_1$ 快速充电,从而使电容 $C_1$ 正极电位迅速增大,最后导致 $LED_1$ 迅速熄灭;支路③使电容 $C_2$ 反向充电,但此时电容 $C_2$ 上有一定的正向电压,并且电容电压不能突变,从而使电容 $C_2$ 负极的电位小于晶体管 $Q_2$ 的集电极电位(晶体管 $Q_2$ 处于导通状态,集电极电位近乎为 0 V),即电容 $C_2$ 负极电位为负数,从而使晶体管 $Q_1$ 截止,同时,晶体管 $Q_1$ 的截止,会使支路①和支路②的电流都流向晶体管 $Q_2$ 的基极,从而促进晶体管 $Q_2$ 的导通。当然,随着电容 $C_2$ 不断地反向充电,电容 $C_2$ 负极上电位会慢慢上升,当电位到达 0.7 V 时,又会使晶体管 $Q_1$ 导通,如此反复循环,实现 LED 的闪烁效果。

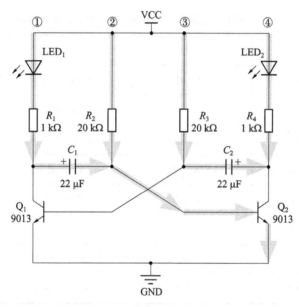

图 6-3　晶体管 $Q_2$ 导通过程

**2. 两级多谐振荡闪烁灯心型样式**

(1) 认识电路原理:在多谐振荡闪烁灯电路原理图的基础上,拓展形成两级多谐振荡闪烁灯心型样式,其电路原理如图 6-4 所示,该电路 LED 灯珠数量是 12 个,是图 6-1 的 LED 灯珠数量 6 倍,但依然是两级多谐振荡闪烁灯。本电路图中以 6 个 LED 并联为一个组,共有两组 LED。值得一提的是,本电路当中加入了一个开关 P,假如开关 P 短接 1 号、2 号端子,能实现两组 LED 同时闪烁;假如短接 2 号、3 号端子,能实现两组 LED 交替闪烁。

(2) 了解电路各个元件参数:两级多谐振荡闪烁灯心型样式的元器件规格,如表 6-1 所示。

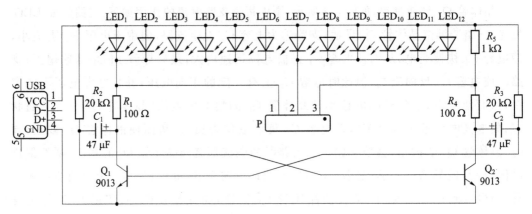

图 6-4 两级多谐振荡闪烁灯心型样式电路图

表 6-1 两级多谐振荡闪烁灯心型样式的元器件规格表

| 序号 | 元件名称 | 原理图/PCB 编号 | 型号 | 数量/个 |
| --- | --- | --- | --- | --- |
| 1 | 电阻 | $R_1$、$R_4$ | 100 Ω/0.25 W | 2 |
| 2 | 电阻 | $R_5$ | 1 kΩ/0.25 W | 1 |
| 3 | 电阻 | $R_2$、$R_3$ | 20 kΩ/0.25 W | 2 |
| 4 | LED 灯珠 | $LED_1 \sim LED_{12}$ | 5 mm 圆头 | 12 |
| 5 | 电解电容 | $C_1$、$C_2$ | 47 μF/16 V | 2 |
| 6 | 晶极管 | $Q_1$、$Q_2$ | 9013 | 2 |
| 7 | 滑动开关 | P | 2.54 mm/3P | 1 |
| 8 | USB 公头 | USB | USB Type A | 1 |

（3）了解电路板结构，并安装和焊接元器件：两级多谐振荡闪烁灯心型样式印制电路板如图 6-5 所示，首先分清电路板的元器件安装面和焊接面，左图为元器件安装面，右图为焊接面，元器件必须安装于安装面上，然后从焊接面进行焊接。注意事项如下：第一，元器件安装时，元器件应与电路板上印刷的元器件封装（元器件的外形）相对应，即按元器件外形进行安装；第二，安装时注意部分元器件极性，如：LED、电容等，极性不能反；第三，元件尽可能贴紧电路板；第四，元件安装顺序有讲究，应先安装高度低的元件再安装高度高的，以多谐振荡闪烁灯心型样式印制电路板为例，元件安装顺序可依次为：电阻、USB、排针、LED、晶体管、电容；第五，不能一次安装过多元器件，每安装好一个元器件后，就应该先把该元器件焊接完成，然后剪去其多余引脚，接着才能安装下一个元器件。绝对不能先安装好所有元器件，然后再统一进行焊接。

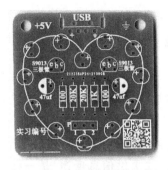

图 6-5　两级多谐振荡闪烁灯心型样式印制电路板

**3. 三级多谐振荡闪烁灯 Y 型样式**

三级多谐振荡闪烁灯 Y 型样式的电路图如图 6-6 所示,该电路与两级多谐振荡闪烁灯明显的区别在于晶体管、电容和灯组的数量。

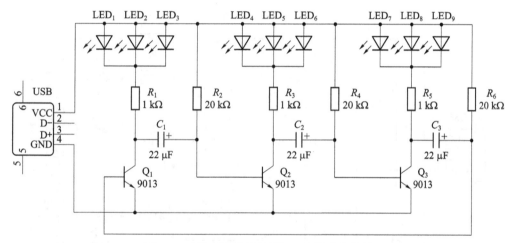

图 6-6　三级多谐振荡闪烁灯 Y 型样式电路图

三级多谐振荡闪烁灯 Y 型样式 LED 灯珠为 3 组,当电路接通电源后,3 组 LED 能实现轮流闪烁的效果,三级多谐振荡闪烁灯 Y 型样式印制电路板的设计如图 6-7 所示,元器件的安装和焊接方法参考两级多谐振荡闪烁灯心型样式。

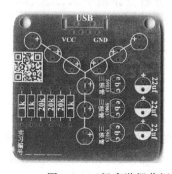

图 6-7　三级多谐振荡闪烁灯 Y 型样式印制电路板

## 6.2 呼吸灯

呼吸灯是一种可以模拟人类呼吸节奏闪烁或渐变的灯光设计。它的名称来源于其灯光变化的特点,就像人类的呼吸一样有节奏地起伏变化。

呼吸灯能发出漂亮且具有特色的光芒的同时,还能为处于待机、充电或特定工作状态时的设备,以一种更加生动且引人注目的方式提供信息反馈,是一种兼具实用性和艺术性的设计。

**1. 呼吸灯原理**

呼吸灯电路原理图如图 6-8 所示,该电路主要使用运放 LM358 为核心 IC,通过对电容充放电来调节晶体管的导通程度,从而实现对 LED 的亮度调节。

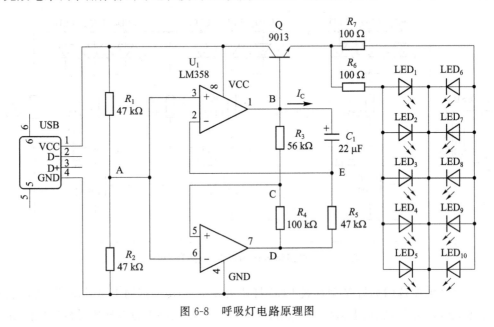

图 6-8 呼吸灯电路原理图

分析该电路的具体工作原理,实际上就是分析电路图中 A、B、C、D、E 这几个点的电位变化,以及电容电流 $I_C$ 的变化。具体分析如下:

(1) A 点电位为 $R_1$ 和 $R_2$ 对电源的分压:

$$V_A = 5 \times \frac{R_2}{R_1 + R_2} = 5 \times \frac{47 \text{ k}\Omega}{47 \text{ k}\Omega + 47 \text{ k}\Omega} = 2.5 \text{ V} \tag{6-1}$$

(2) 根据运放的虚短原理,E 点电位等于 A 点的电位,即 $V_E = V_A = 2.5$ V;

(3) 现假设 D 点电位为 0 V,则电容 $C_1$ 的充电电流为经过电阻 $R_5$ 的电流:

$$I_C = \frac{V_E - V_D}{R_5} = \frac{2.5 - 0}{47 \text{ k}\Omega} \approx 0.05 \text{ mA} \tag{6-2}$$

(4) B 点电位等于 E 点电位加上电容 $C_1$ 的电压 $U_C$,由于刚开始电容电压为 0 V,则 B 点电位为 2.5 V;

(5) 根据式(6-3),C 点的电位约为 1.6 V,由于 $V_C < V_A$,即运放的同相输入端小于反相输入端,则 $V_D = 0$ V 始终保持不变;

$$V_C = V_D + (V_B - V_D) \times \frac{R_4}{R_3 + R_4} = 0 + (2.5 - 0) \times \frac{100 \text{ k}\Omega}{56 \text{ k}\Omega + 100 \text{ k}\Omega} \approx 1.6 \text{ V}$$

(6-3)

(6) 随着电容 $C_1$ 不停充电,B 点电位 $V_B$ 会不断上升,根据式(6-3),当 $V_B > 3.9$ V 时,$V_C > 2.5$ V,即 $V_C > V_A$,即运放的同相输入端大于反相输入端,因此 $V_D = 5$ V;根据式(6-2),可求得电容 $C_1$ 电流 $I_C \approx -0.05$ mA,因此电容进入放电状态;

(7) 由于电容 $C_1$ 的不停放电,B 点电位 $V_B$ 会不断下降,根据式(6-3),当 $V_B < 1.1$ V 时,则 $V_C < 2.5$ V,即 $V_C < V_A$,即运放的同相输入端小于反相输入端,因此 $V_D = 0$ V;根据式(6-2),可求得电容电流 0.05 mA,即电容重新开始充电,并重复前面的过程。

根据以上的分析,B 点的电位 $V_B$ 在 1.1 V 到 3.9 V 之间反复变化,从而使晶体管不断改变其导通程度,从而实现了 LED 的呼吸效果。

**2. 呼吸灯制作**

呼吸灯的制作分为三部分,分别为:元器件的识别与检测、元器件安装与焊接、检查错漏并测试。

(1) 元器件的识别与检测:根据表 6-2 呼吸灯元器件规格表,核对元器件的型号和数量,并通过万用表,对部分元件进行测量,从而对元器件的外形和参数有初步的认识。特别是电阻和 LED,由于电阻数量多且外形相似,对于初学者来说,电阻参数不好区分,可以通过万用表对电阻的阻值进行测量来区分;LED 灯珠可以通过万用表测量其极性以及测量其是否损坏,以确保焊接到电路板上的元器件是完好的。

表 6-2 呼吸灯元器件规格表

| 序号 | 元件名称 | 原理图/PCB 编号 | 型号 | 数量/个 |
| --- | --- | --- | --- | --- |
| 1 | 运算放大器 | $U_1$ | LM358 | 1 |
| 2 | 电阻 | $R_1$、$R_2$、$R_5$ | 47 kΩ/0.25 W | 3 |
| 3 | 电阻 | $R_3$ | 56 kΩ/0.25 W | 1 |
| 4 | 电阻 | $R_4$ | 100 kΩ/0.25 W | 1 |
| 5 | 电阻 | $R_6$、$R_7$ | 100 Ω/0.25 W | 2 |
| 6 | LED 灯珠 | $LED_1 \sim LED_{10}$ | 5 mm 圆头 | 10 |
| 7 | 电解电容 | $C_1$ | 22 μF/16 V | 1 |
| 8 | 晶体管 | Q | 9013 | 1 |
| 9 | USB 公头 | USB | USB Type A | 1 |

(2) 元器件的安装与焊接:元器件安装前,先检查呼吸灯印制电路板的样式以及电路

板是否有损坏,呼吸灯印制电路板如图 6-9 所示,图中有三款样式电路板,根据电路板上印刷的元器件封装(元器件的外形)安装元器件。元器件安装顺序应按照元器件的高度从低到高安装,安装顺序可以为:电阻、USB、运放 LM358、LED、晶体管、电容;接着是元器件的焊接,但要注意,每安装好一个元器件就应该先把该元器件焊接完成,并及时剪去该元器件的多余引脚,然后才能安装下一个元器件。

图 6-9　呼吸灯印制电路板

(3)检查错漏并测试:检查元件安装位置及极性是否正确,元器件是否有漏焊,焊点是否有短路桥接、虚焊等;检查无误后,上电测试并在表 6-3 中记录测试结果。

表 6-3　呼吸灯运行结果

| 呼吸灯电路板样式 | LED 是否能亮 | 作品效果描述 |
| --- | --- | --- |
|  |  |  |

## 6.3　LED 点阵显示电路

LED 点阵显示电路本质上是一款闪烁灯或者呼吸灯,它能够发出一种有规律的、漂亮的光芒。但 LED 点阵显示电路与普通的闪烁灯或者呼吸灯不一样的地方在于,它还是一款能够通过用户自主改变 LED 布局来显示不同数字、字母和图形的电路。

LED 点阵显示电路有一个专门区域提供给用户自定义 LED 的摆放位置,用户可根据自己的喜好,在该区域用 LED 拼接自己设定好的图案,那么该图案就能以闪烁或者呼吸的效果展现出来。该电路的特点是,用户有更多自由发挥的空间,制作出来的作品更能体现用户的想象力和创造力,它的特色是普通固定样式的闪烁灯和呼吸灯无法比拟的,这也是 LED 点阵显示电路的魅力所在。

**1. LED 点阵显示电路原理**

(1) NE555 集成定时器电路原理

NE555 集成定时器的内部结构如图 6-10 所示。

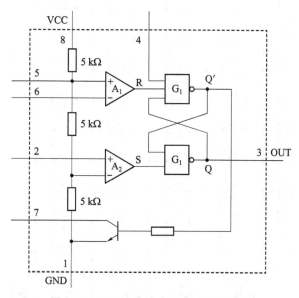

图 6-10　NE555 集成定时器内部结构图

NE555 的内部包含了两个电压比较器、由两个与非门组成的 RS 锁存器和一个工作于开漏输出的晶体管等。假如把 NE555 的 2 号、6 号引脚同时连接在一起作为其输入端,那么当输入端电位 $V_{IN}$ 发生变化时,输出端 R、S、Q、Q′和 7 号引脚的电位变化如表 6-4 所示。

表 6-4　NE555 的工作状态

| 输入端 | 输出端 | | | | |
|---|---|---|---|---|---|
| $V_{IN}$ | R | S | Q(3 号引脚) | Q′ | 7 号引脚 |
| $V_{IN} < \frac{1}{3}VCC$ | 1 | 0 | 1 | 0 | 1 |
| $\frac{1}{3}VCC < V_{IN} < \frac{2}{3}VCC$ | 1 | 1 | 保持不变 | 保持不变 | 保持不变 |
| $V_{IN} > \frac{2}{3}VCC$ | 0 | 1 | 0 | 1 | 0 |

备注:"0"为低电平,"1"为高电平。

(2) LED 点阵显示电路原理

LED 点阵显示电路是一款基于 NE555 集成定时器的多谐振荡闪烁灯,LED 点阵显示电路原理图如图 6-11 所示。

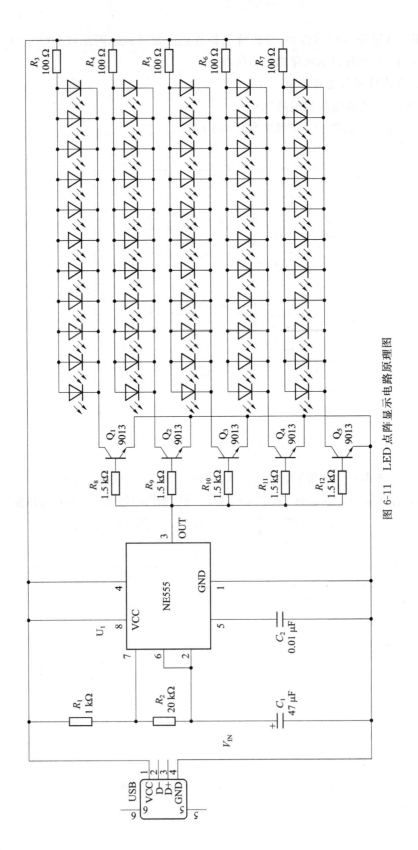

图 6-11 LED 点阵显示电路原理图

LED 点阵显示电路具体的工作过程如下：

① 当 LED 点阵显示电路刚开始工作时，电容 $C_1$ 电压为 0 V，则 $V_{IN}$ 为 0 V，即 $V_{IN} < \frac{1}{3} VCC$，由表 6-4 可知 Q 点（3 号引脚）为高电平，因此，晶体管 $Q_1 \sim Q_5$ 同时导通，所有 LED 同时被点亮。

② 当然，随着电容 $C_1$ 的不停充电，电容电压会不断上升，$V_{IN}$ 也随之升高，当 $V_{IN}$ 处于 $\frac{1}{3} VCC < V_{IN} < \frac{2}{3} VCC$ 时，根据表 6-4 可知 Q 点（3 号引脚）依然是高电平，所有 LED 依然保持点亮的状态；当 A 点电位继续上升到 $V_{IN} > \frac{2}{3} VCC$ 时，根据表 6-4 可知 Q 点（3 号引脚）为低电平，因此晶体管 $Q_1 \sim Q_5$ 截止，所有 LED 熄灭；同时，由于此时 7 号引脚为低电平，导致电容 $C_1$ 通过电阻 $R_2$ 对地放电，从而使电容电压不断下降。

③ 随着电容电压的下降，$V_{IN}$ 也随之下降，当 $V_{IN}$ 处于 $\frac{1}{3} VCC < V_{IN} < \frac{2}{3} VCC$ 时，根据表 6-4 可知 Q 点（3 号引脚）依然是低电平，因此所有 LED 依然是保持熄灭状态；当 $V_{IN}$ 继续下降到 $V_{IN} < \frac{1}{3} VCC$ 时，根据表 6-4 可知 Q 点（3 号引脚）变为高电平，晶体管 $Q_1 \sim Q_5$ 导通，LED 重新被点亮；同时由于该时刻 7 号引脚为高电平，因此电容不再放电，重新恢复充电状态，并不断重复以上过程，从而实现 LED 的闪烁效果。

**2. LED 点阵显示电路制作**

制作 LED 点阵显示电路有 5 个步骤，分别为了解印制电路板结构、设计显示图案、元器件识别与检测、元器件安装与焊接、检查错漏和调试。

（1）了解印制电路板结构：首先了解 LED 点阵显示电路印制电路板结构，如图 6-12 所示。

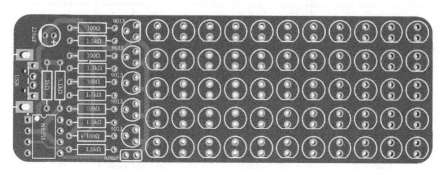

图 6-12　LED 点阵显示电路印制电路板

（2）设计显示图案：LED 显示区域由 $5 \times 11$ 的点阵组成，用户可以根据自己的想法在该区域用若干 LED 设计一个图案。部分显示样式如图 6-13 所示。

（3）元器件识别与检测：根据自己设计的显示图案选取相应数量的 LED，以及对照表 6-5 选取相应的其他元器件，并通过万用表对相应元器件进行测量，如检测电阻阻值、晶体管类型、LED极性以及检测其是否发光等。注意,不同颜色的LED工作电压有差异,所以,电路中应选择同种颜色的LED,否则可能导致电路没法正常工作。

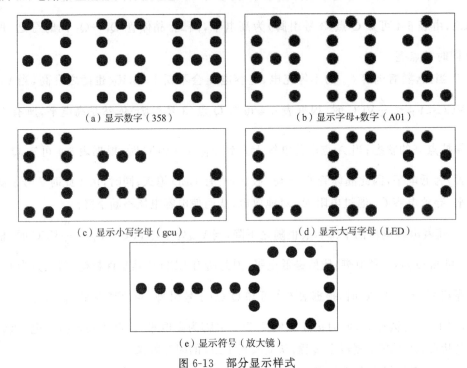

(a) 显示数字 (358)　　　　　　　(b) 显示字母+数字 (A01)

(c) 显示小写字母 (gcu)　　　　　(d) 显示大写字母 (LED)

(e) 显示符号 (放大镜)

图 6-13　部分显示样式

表 6-5　LED点阵显示电路元器件规格表

| 序号 | 元件名称 | 原理图/PCB编号 | 型号 | 数量/个 |
| --- | --- | --- | --- | --- |
| 1 | 集成定时器 | $U_1$ | NE555 | 1 |
| 2 | 电阻 | $R_1$ | 1 kΩ/0.25 W | 1 |
| 3 | 电阻 | $R_2$ | 20 kΩ/0.25 W | 1 |
| 4 | 电阻 | $R_3 \sim R_7$ | 100 Ω/0.25 W | 5 |
| 5 | 电阻 | $R_8 \sim R_{12}$ | 1.5 kΩ/0.25 W | 5 |
| 6 | LED灯珠 | $LED_1 \sim LED_{55}$ | 5 mm 圆头 | 55 |
| 7 | 电解电容 | $C_1$ | 47 μF/16 V | 1 |
| 8 | 电容 | $C_2$ | 0.01 μF | 1 |
| 9 | 晶体管 | $Q_1 \sim Q_5$ | 9013 | 5 |
| 10 | USB公头 | USB | USB Type A | 1 |

(4) 元器件安装与焊接:用户根据自己设计好的图案安装并焊接所需的元器件,元器件安装顺序应按照元器件的高度从低到高,建议安装顺序为:电阻、USB、NE555、LED、晶体管、电容。注意安装和焊接的方法,不能同时安装过多元器件,比如同时把所有元器件安装完成之后再统一焊接的方法是不可取的。从安装到焊接的正确方法是:每安装完成一个元器件,要先把该元器件焊接完成并及时剪去多余引脚后,才能安装下一个元器件。

(5) 检查错漏和调试：观察焊接完成的作品外观，元件安装位置和极性是否正确；检查焊点是否有短路、虚焊、漏焊等；检查无误后，上电测试并在表 6-6 中记录测试结果。

表 6-6 LED 点阵显示电路运行结果

| 设计的图案 | 作品效果描述 |
| --- | --- |
|  |  |
|  |  |

## 6.4 红外距离检测电路

红外距离检测电路是一种利用红外线技术来检测前方是否有障碍物以及障碍物距离的电路系统。它通常由红外发射管、红外接收管和电压比较器等部分组成。

首先，红外发射管会发射出一定频率的红外线。当这些红外线遇到前方物体时，会被反射回来。接着，红外接收管会捕捉到这些反射回来的红外线信号。然后，电压比较器通过对比反射回来的信号强弱，得出是否有障碍物存在，以及障碍物的距离。

这种电路系统常用于机器人、自动驾驶车辆和一些智能设备中，用于实现避障、测距功能。这种电路具有很多优点，比如成本低、易于实现、对人体无害等。然而，它也有一些局限性，比如受环境光线影响较大，检测距离较短等。

**1. 红外距离检测电路原理**

红外距离检测电路原理图如图 6-14 所示，其中虚线框部分是电压比较器 LM339 的内部结构。

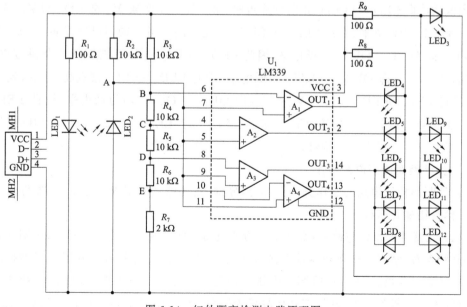

图 6-14 红外距离检测电路原理图

红外距离检测电路具体原理如下：

（1）$LED_1$ 为红外发射管，$LED_2$ 为红外接收管，$LED_1$ 和 $LED_2$ 在电路板上是并排安装的，即 $LED_1$ 和 $LED_2$ 朝向同一个方向。当有物体从 $LED_1$ 和 $LED_2$ 的正前方靠近时，$LED_1$ 发射的红外光会被该物体反射回来而被 $LED_2$ 接收。当该物体与 $LED_1$ 和 $LED_2$ 越靠近时，$LED_2$ 就会接收到越强的红外光，$LED_2$ 的压降就会越低，从而 A 点的电位 $V_A$ 就会越低。反之，A 点的电位 $V_A$ 就会越高。

（2）由于 LM339 的 4 个电压比较器的反相输入端分别连接于 B、C、D、E 点（B、C、D、E 点的电位关系为 $V_B>V_C>V_D>V_E$），而同相输入端只和 A 点连接。当 A 点电位 $V_A$ 发生变化时，4 个电压比较器输出端的电位就会发生相应突变，如表 6-7 所示。注意，电压比较器输出端的电位为低电平的时候，LED 才会亮。

表 6-7 LM339 的工作状态

| 输入端 | 输出端 | | | |
|---|---|---|---|---|
| A、B、C、D、E | $OUT_1$ | $OUT_2$ | $OUT_3$ | $OUT_4$ |
| $V_A>V_B$ | 1 | 1 | 1 | 1 |
| $V_B>V_A>V_C$ | 0 | 1 | 1 | 1 |
| $V_C>V_A>V_D$ | 0 | 0 | 1 | 1 |
| $V_D>V_A>V_E$ | 0 | 0 | 0 | 1 |
| $V_A<V_E$ | 0 | 0 | 0 | 0 |

备注："0"为低电平，"1"为高电平。

（3）根据以上分析，当 $LED_1$ 和 $LED_2$ 前方物体较远时，由于反射光较弱，则 $V_A>V_B$，即 $OUT_1\sim OUT_4$ 都为高电平，因此 $LED_4\sim LED_{12}$ 都熄灭，只有电源指示灯 $LED_3$ 常亮；当该物体向 $LED_1$ 和 $LED_2$ 正前方靠近时，由于反射光变强，$V_A$ 会下降，当 $V_B>V_A>V_C$ 时，$OUT_1$ 为低电平，因此 $LED_3$ 和 $LED_4$ 会亮；接着，当该物体继续靠近时，则 $V_C>V_A>V_D$，即 $OUT_1\sim OUT_2$ 为低电平，因此 $LED_3\sim LED_5$ 被点亮，然后该物体继续靠近，则 $V_D>V_A>V_E$，即 $OUT_1\sim OUT_3$ 为低电平，因此 $LED_3\sim LED_8$ 被点亮，最后，当物体非常靠近 $LED_1$ 和 $LED_2$ 时，则 $V_A<V_E$，即 $OUT_1\sim OUT_4$ 均为低电平，因此 $LED_3\sim LED_{12}$ 都被点亮；同理，当物体远离 $LED_1$ 和 $LED_2$ 时，$LED_3\sim LED_{12}$ 以相反的顺序逐级熄灭，当然，$LED_3$ 是电源指示灯，只要电路还在工作就不会灭。

**2. 红外距离检测电路制作**

红外距离检测电路的制作分为三部分，分别为：元器件的识别与检测、元器件安装与焊接、检查错漏并测试。

（1）元器件的识别与检测：红外距离检测电路元器件规格如表 6-8 所示，识别元器件的外观和参数，掌握从外观和参数上区分各类元器件的方法，并通过万用表辅助检测元器件参数以及元器件是否有损坏。比如从外观上区分红外发射管、红外接收管和普通 LED（红外发射管为无色透明，红外接收管为黑色，普通 LED 通常为红色、绿色、蓝色、黄色和无色等);通过万用表检测,红外发射管发出红外光(不可见光,但通过手机摄像头可观察),红外接收管不发光,普通 LED 发出可见光。

表 6-8 红外距离检测电路元器件规格表

| 序号 | 元件名称 | 原理图/PCB 编号 | 型号 | 数量/个 |
|---|---|---|---|---|
| 1 | 电压比较器 | $U_1$ | LM339 | 1 |
| 2 | 红外发射管 | $LED_1$ | 5 mm 圆头 | 1 |
| 3 | 红外接收管 | $LED_2$ | 5 mm 圆头 | 1 |
| 4 | 电阻 | $R_1$、$R_8$、$R_9$ | 100 Ω/0.25 W | 3 |
| 5 | 电阻 | $R_2 \sim R_6$ | 10 kΩ/0.25 W | 5 |
| 6 | 电阻 | $R_7$ | 2 kΩ/0.25 W | 1 |
| 7 | LED 灯珠 | $LED_3 \sim LED_{12}$ | 5 mm 圆头 | 10 |
| 8 | USB 公头 | USB | USB Type A | 1 |

(2) 元器件的安装与焊接:红外距离检测电路印制电路板如图 6-15 所示,根据电路板上印刷的元器件封装(元器件外形)安装元器件,安装过程注意元器件的极性,避免装反。元器件的安装应根据元器件的高度从低到高的顺序安装,建议安装顺序为:电阻、USB、LM339、红外发射管、红外接收管、LED。注意,不能同时安装过多元器件然后统一焊接,应每安装好一个元器件,就把该元器件焊接完成并及时剪去多余引脚,然后才能安装下一个元器件。

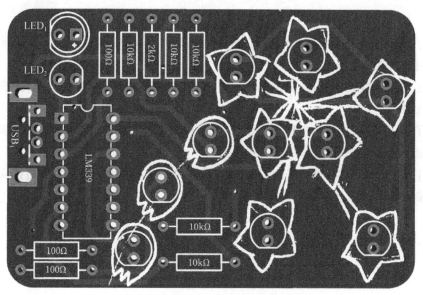

图 6-15 红外距离检测电路印制电路板

(3) 检查错漏并测试:焊接完成后要认真检查元器件安装是否正确,元器件是否紧贴电路板,元器件极性是否有误,焊接点是否存在漏焊、桥接短路和虚焊等。检查并排除错误后,给电路板通电测试,并把运行结果记录在表 6-9 内。

表 6-9　红外距离检测电路运行结果

| 序号 | 物体与红外接收管距离 | 作品效果描述 |
| --- | --- | --- |
| 1 | | |
| 2 | | |
| 3 | | |
| 4 | | |
| 5 | | |

## 本 章 小 结

本章主要介绍了多谐振荡闪烁灯、呼吸灯、LED 点阵显示电路、红外距离检测电路等典型电子产品综合创新训练项目的工作原理,元器件检测、安装与焊接,电路调试等。

## 思考与实践

1. 了解多谐振荡闪烁灯工作原理,掌握电路制作与调试,完成的闪烁灯能实现一亮一灭的闪烁效果。

2. 了解呼吸灯工作原理,掌握电路制作与调试,完成的呼吸灯能实现灯光亮暗变化的呼吸效果。

3. 了解 LED 点阵显示电路工作原理,掌握电路制作与调试,完成的电路能实现自定义图形图案的显示效果。

4. 了解红外距离检测电路工作原理,掌握电路制作与调试,完成的电路能实现物体与红外接收管距离的远近有不同的显示效果。

# 参考文献

[1] 夏菽兰,王吉林,邵茗. 电工电子实习[M]. 西安:西安电子科技大学出版社,2022.
[2] 郭志雄. 电子工艺技术与实践[M]. 3版. 北京:机械工业出版社,2020.
[3] 尤海峰,姚荣华. 电工工艺技能实训[M]. 北京:中国水利水电出版社,2018.
[4] 王天曦,李鸿儒,王豫明. 电子技术工艺基础[M]. 2版. 北京:清华大学出版社,2009.
[5] 杨启洪,杨日福. 电子工艺基础与实践[M]. 广州:华南理工大学出版社,2012.
[6] 王立新. 电工电子工艺实训教程[M]. 北京:电子工业出版社,2019.
[7] 宋绍楼. 电工电子实训[M]. 北京:中国电力出版社,2017.
[8] 陈钢华. 电工技能训练项目教程[M]. 北京:文化发展出版社,2016.
[9] 赵广林. 常用电子元器件识别/检测/选用一读通[M]. 3版. 北京:电子工业出版社,2017.
[10] 电子技术轻松入门:从元器件到电路[M]. 北京:化学工业出版社,2016.
[11] 尤海峰,尤晓萍. 电工工艺技能实训[M]北京:中国水利水电出版社,2016.

# 参考文献

[1] 张安生,刘春光,刘洪,等.下一代机器人技术:面向社会物理信息系统的机器人学[M].
[2] 高峰,郭为忠.中国机器人的发展战略思考[J].机械工程学报,2016.
[3] 宋爱国.机器人触觉传感器发展概述[J].机器人技术与应用,2017.
[4] 孙大林.毕勇军.石磊铭.等.柔性触觉传感器[J].北京:北京航空航天大学出版社,2019.
[5] 蒋旭东,赵江海,朱卫东.机器人柔性触觉传感技术[J].合肥:清华大学出版社,2018.
[6] 刘强.基于光学原理的触觉传感器[M].北京:科学出版社,2019.
[7] 李艳红.工业机器人技术[M].北京:机械工业出版社,2015.
[8] 蒋明镜.工程机器人的智能感知[M].北京:中国建筑工业出版社.
[9] 赵丁.基于深度学习的视觉触觉融合感知[J].上海:上海大学出版社,2019.
[10] 刘华平.智能机器人的触觉感知与应用[M].北京:科学出版社,2018.
[11] 高文宇.柔性电子学:材料与工艺[M].北京:科学出版社,2017.